結構生態袋
工法應用

Structure Eco-bag Construction
Method & Application

徐耀賜　張宇順　著

五南圖書出版公司 印行

自 序

　　上有天，下有地，人生活其中，自應有尊天之道、敬地之心。中國古代智者即已洞悉自然生態順天應地之精義。兩千五百餘年前，老子「道德經」已云：人法地，地法天，天法道，道法自然。此中深涵天地人合一，共存共榮、互尊相扶之道，其與近代風行之生態工程理念可謂完全契合。是以，基於吾等對綠營建、生態復育、節能減碳與環境永續經營理念之堅持，特編撰此書，期能與社會大眾分享。

　　結構生態袋可應用之工程甚多，所涉內容實經緯萬端，本書作者熱勁雖有餘，惟倉促完稿，其中或有謬誤之處，尚祈各方賢達前輩不吝指正勘誤，筆者自當銘感五內，衷心言謝。

徐耀賜　張宇順
二〇一二年十一月

目　錄

目 錄

Chapter 1

緒 論

1.1　前　言

　　上有天，下有地，人生活其中，自應有尊天之道、敬地之心。中國古代智者即已洞悉自然生態順天應地之精義。兩千五百餘年前，老子「道德經」已云：人法地，地法天，天法道，道法自然。此中深涵天地人合一，人類應存尊天敬地之心，誠心與大自然共存共榮方得千秋萬代相傳，其與近代全球風行之生態工程（Ecological Engineering）理念可謂完全契合。

　　近十餘年來，隨著地球暖化、溫室效應、永續發展與極端氣候等議題之持續發燒，生態工程之規劃設計理念已儼然成為全球人類之新顯學，故「綠建材」、「綠營建」、「綠創新」、「環保生態」、「綠色內涵」、「節能減碳」、「環境永續」均成為社會大眾耳熟能詳之名詞。本書之主要目的亦是著眼於此，詳述如何將結構生態袋廣泛應用於生態工程之理念中。

1.2　生態袋之由來

　　伴隨著材料科學之日益精進，過去二十年來，影響大地工程技術最巨者首推地工合成材料（Geosynthetics）。地工合成材料之主要組成為高分子聚合物（Polymers）纖維，其材質主要有聚乙烯（Polyethylene，簡稱PE）、聚丙烯（Polypropylene，簡稱PP，丙綸）、聚醯氨（Polyamide，簡稱PA）、聚酯（Polyester，簡稱PET，滌綸）、聚乙烯醇（Polyvinyl Alcohol，簡稱PVA，亦稱為Vinylon）、碳纖維（Carbon Fiber）、玻璃纖維（Glass Fiber）等。

　　將地工合成材料大量應用於大地工程技術最明顯者首推加勁土壤

（Reinforced Soil）之概念。常使用於加勁土壤結構中之地工合成材料
又可分為兩大類，即：地工織布（Geotextiles，Geofabrics）與地工格網
（Geogrids）。地工織布如以織造方法分類可分為織布（Woven Geotex-
tiles）、不織布（Non-Woven Geotextiles）及兩者皆具而結合而成之複合布
（Composite Geotextitles）三種。

織布（參考圖 1-1）係依規則性之編織而成，線條交錯皆有規則可
循，而「不織布」（亦稱無紡布），顧名思義，即是以非傳統方式紡織

相片來源：http://www.arabianenviro.com
(a) 織布

相片來源：http://earthaidusa.com
(b) 成綑之不織布

圖 1-1　典型之地工織布

連結成不規則性之交錯，將纖維於同一平面上由四面八方各角度射出交叉而成（此時之纖維與纖維間呈不規則方向糾結，但表面平坦度則相當均勻），再加工製成具抗拉彈性或可延伸強韌之布匹，大幅提升其功能性。其發展至今，已對人類日常生活、工程應用與工業發展作出極大貢獻。

　　早期之不織布通常應用於民生工業，直至 1990 年代方大量推廣於土木、水利及大地工程。時至 1995 年，加拿大籍韓裔 Hun S. Kim（金憲珠）先生首倡將不織布縫製成袋狀，搭配連接版（Interlocking Plates）而開始應用於大地工程界，此工法亦同時獲得美國與加拿大之專利權，稱為 Deltalok System【1，2】，其基本原理如圖 1-2 所示。由於此袋係由地工織布（Geotextiles）製成，故簡稱為 GTX Bag。當兩袋之間輔以連接版，上層之袋又置中堆疊，故緊扣之相鄰三袋將形成一獨特之三角形（Delta）受力單元（Unit），如圖 1-2 中之虛線三角形所示，此乃本系統命名為 Deltalok 之由來，其實為 Delta + Interlocking 之縮寫或簡稱。

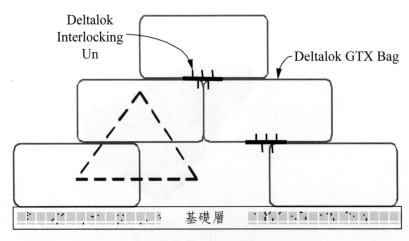

圖 1-2　Deltalok System 示意圖【1，2】

　　圖 1-3 所示乃 Deltalok System 之應用實例，兩袋間之連接版清晰可見。連接版通常以 GTX 袋相同材質製成，例如 PP、PET 或高密度聚乙烯（HDPE），且版上有凸狀之尖刺以利刺入相鄰袋中。藉此連接版緊繫各緊鄰之袋，故可形成前述之三角形受力單元。持平而論，此種三角形受力單元已初具加勁土壤（Reinforced Soil）之意涵在內。

圖 1-3　Deltalok System 之應用例【2】

　　由於圖 1-3 之袋中之內裝填土可配合植生綠美化，符合生態理念，故工程界通常將此袋以生態袋（Ecology Bag，簡稱 Eco Bag）稱之，圖 1-4 所示即為典型之生態袋，其外觀顏色早期以黑色居多，後來亦有較受歡迎之綠色生態袋於營建市場中逐漸出現。

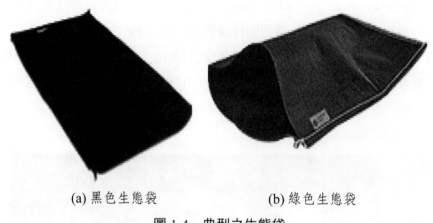

(a) 黑色生態袋　　　　　　　(b) 綠色生態袋

圖 1-4　典型之生態袋

Deltalok System【2】之專利技術於 2004 年之後陸續引進中國、台灣
與香港，其商品名稱為金字塔系統（Intalok System）【3】而 Intalok 實為
Interlock 之諧音。

挾生態工程之優勢，時至今日，中國大陸與台灣各地之生態袋業者
乃如雨後春筍般，在各種生態袋可應用之各式工程中陸續出現。

凡事皆有由頭，生態袋之出現有其歷史背景，拜高分子材料科學之
進步及有心人士之研發推廣方有今日之普及與應用，為大地工程注入新
生命。惟此亦為本書之另一主要目的，全方位探討生態袋之優點是否被
正確有效地應用於各式工程之中，同時以結構力學、材料力學及土壤力
學等為基礎客觀深入探討之。

1.3　生態與永續

本書所詳述之結構生態袋各式應用工法實與生態工程（Ecological
Engineering）及永續發展（Sustainable Development）之理念有關，故本

節中，特將「生態」與「永續」之意義稍作描述。

　　縱觀過去，人類進行開發之各式工程施工多以鋼筋混凝土作為主要施工材料，以強調安全性及耐久性，此種施工方式雖強調安全，卻與環境生態理念相違背，造成地景切割及棲地破碎之衝擊。圖 1-5 所示即為傳統鋼筋混凝土護坡結構，其或可保證結構安全之目標，惟其悖離生態永續、節能減碳之理想亦是不爭之事實。

　　公共工程建設如缺乏生態理念，僅顧及工程結構體表面近自然之協調或美觀，實無法維護生態機能之平衡，此乃金玉其表，敗絮其中，實則美中不足。水能載舟，亦能覆舟，人類社會所有之工程建設為人類帶來經濟繁榮及生活上之方便，然亦相對造成甚多破壞及後遺症。隨著科技進步及環境意識之覺醒，人類對大自然瞭解愈來愈多，愈來愈懂得珍惜屬於大自然之一切。近年來，社會大眾對各式工程建設之期許亦已由原始科技（Indigenous-Tech）、高科技（High-Tech）及乾淨科技（Clean-Tech），逐漸要求提昇至生態科技（Eco-Tech）之境界。尤其近十餘年來，全世界對生物多樣性（Biodiversity）保育及永續發展普遍重視，不僅呼籲愛護自然，尊重自然，更強調人類所有開發建設行為應遵守生態原則，向自然界學習，期使「天人合一」，摒棄往昔違反大自然演化及錯誤的「人定勝天」理論。

　　隨著科技之進步，人類之生活愈來愈科技化、舒適化，可是，繁華落幕總是空。人們最終發現，先進的科技雖然使人愈來愈舒適，然卻離大自然愈來愈遠。伴隨著全球化之環境熱、環保熱與對「生態學」之再認識，人類之環境意識與生態意識亦隨之愈來愈強。從某種意義觀之，此現象對人類之生存具有正面效益。

　　當人類之生活水平與物質享受愈來愈高之際，石化燃料之消耗速度愈來愈迅速，導致全球性之氣候異常。依文獻【4】之研究估計，平均每

圖 1-5 悖離生態永續理念之傳統剛性結構

日約有一百平方英哩之熱帶雨林正在消失。物種滅絕快速,以每小時三物種之史無前例的速率持續進行。早期曾被認為對人類無害之化學物質在此情況下亦轉變成為影響人類免疫系統及內分泌系統之有害毒素。此外,由於全球氣候之變遷,全球性之沙漠化亦急速擴張之中。

在追求生活舒適、方便與物質財富之私心下,人類造福自己,其代價是犧牲所有物種之健康,破壞大自然之環境。在十八世紀工業革命之前,儘管人類之生存與活動對養育他們的大自然生態系統有某種程度之影響,惟因當時人口數量較少,科技水準與污染程度較低,故對生態系統之影響甚為有限。惟隨著科技之突飛猛進,人口激增,生產力快速成長,地球上原有之物質能量消耗成長驚人,造成人類對生態系統大規模破壞。如是之故,前所未有之大規模空氣污染、水污染、土壤污染亦衍生出溫室效應、臭氧層破壞、酸雨等環境問題。此現象已使人類清楚意識到,自然環境之破壞已明顯對人類之生存與發展造成威脅。

人類長期追求經濟成長與生活水準之結果,最後造成生態系統之破壞,此時,人類才回想到「生態」之保育與環境之維護,同時構思如何才能達到「永續」之目標。物極必反,不啻為千秋名言。

「永續性」在 1990 年代開始變成一種聖歌,「永續發展」則一夜之間變成顯學,此種全球性之永續運動令人振奮,因為其代表地球上之人類對整個大自然做出全盤友善之回應,伸出友誼之手,準備「共生」、「共存」、「共榮」。

雖然永續運動持續在世界各地發酵,得到普世人類的認同與支持,惟直至今日,各式各樣之生態破壞仍在世界各地陸續發生。2005 年 11 月 24 日,中國大陸東北的松花江遭到大規模之苯污染,這種污染對環境具永久性之傷害。苯可以停留在松花江底,被魚吃下肚,進入食物鏈,人跟水鳥吃了中毒的魚後也會中毒。由於苯在動物身體不容易被排除,易

在動物體內累積。苯容易依附 DNA 上，引發基因突變，導致人類罹患癌症。

就在隔日，歐洲科學家發現一個驚人的事實，現在空氣中二氧化碳的含量，竟然是六十五萬年以來最多者。科學家研究冰封在南極冰層中之小氣泡，結果發現目前的二氧化碳含量，從 200 年前的 280ppm，變成現今之 380ppm，地球的平均氣溫，也在最近數十年升高華氏 1 度，或許，由此可以知道，人類因為大量排放廢氣，導致的溫室效應有多麼嚴重。

持平而論，「永續運動」雖然無法完全杜絕人類對大自然的破壞，不過，隨著人類的共同認知，至少對生態系統之衝擊與破壞可稍緩和。

1.4　本書章節安排說明

本書共分七大章，各章皆有其主題。為了讓讀者研讀此書有由淺入深、循序漸進、漸入佳境之感，在此特將本書各章節之安排約略說明之。惟本書未觸及艱深之力學理論，讀者如欲更一步了解其力學內涵，煩請參閱筆者之其他著作【5】。

第一章：緒論

此章為全書拉開序幕，以期為後續章節建構循之有序之細節與架構。

第二章：結構生態袋

此章之主要目的在於說明何以筆者建議將工程界通稱之生態袋正名為「結構生態袋」，及此結構生態袋應具備之基本材料與力學性質。

第三章：地形地貌改造

本章之主要目的在於強調如何利用結構生態袋達到改善原地貌之

不良景觀、創造新地形、改造原有地形而達到大地工程設計之目標。據此，吾人便可將結構生態袋之工法應用進行詳實之分類。

第四章：自立式生態結構

本章之重點在於詳述「自立式生態結構」之應用範圍，由規模小、最簡單之園林景觀應用，至體積甚大之原野山林皆可適用。

第五章：堆疊工法

結構生態袋之堆疊工法（Stacking Construction Method）在生態擋土結構中佔有舉足輕重之角色。然生態擋土結構之穩定性、安全性與結構生態袋之堆疊方式及施工細節亦有直接關係，爰此，本章之重點乃在於詳述結構生態袋應如何堆疊方可達到結構安全之目的。

第六章：長袋工法

與前述堆疊工法中之結構生態袋佈設呈垂直方向，長袋工法（Long Bag Construction Method）在結構生態袋各應用工法中最具革命性與工程創意，其應用範圍甚至超過前章之堆疊工法。

第七章：綠美化方法

以結構生態袋構築各式工程結構之主要目的乃是為了符合節能減碳之環保理念，故其綠美化方法至為重要，此實為本章之主要目的。

參考文獻

1. http://www.greendiary.com
2. http://www.deltalokusa.com
3. 東莞金字塔綠色科技有限公司：http://www.intalok.com.cn
4. "Ecological Design", Sim Van der Ryn and Stuart Cowan, 1996, Island Press.

5. 徐耀賜，張宇順，「結構生態擋土工法」，台灣營建研究院，2011 年 1 月，
ISBN 978-986-7194-05-3。

人法地
地法天
天法道
道法自然

老子《道德經》

Chapter 2

結構生態袋

2.1　前　言

　　從勁度、變位程度概分，傳統之擋土結構可分為兩大類，即：(1) 剛性擋土結構，(2) 柔性擋土結構。從結構設計理論觀之，欲達到擋土結構安全穩定之目的，則必須排水與工程手段兼顧。

　　擋土結構穩定須顧及排水之主要目的乃是擋土結構土料之抗剪能力不致降低，且不會產生當初設計時或未納入考量之孔隙水壓力。工程手段意指擋土結構之設計必不可脫離安全第一之理念。更具體言之，任何土木、大地工程設計之背後應有詳實之結構力學、土壤力學等理論為依據。

　　以生態袋為主體之擋土結構有別於傳統剛性擋土結構，其可歸類為柔性擋土結構，此點實無庸置疑。惟欲保証此種柔性擋土結構之長期穩定，除前述之排水、工程手段之外，植生（Plantable Vegetation）或植栽亦應納入考量，蓋以生態袋為主體之柔性擋土結構而言，其表面可大規模植生乃是明顯優於傳統剛性擋土結構之特色之一。

2.2　生態袋正名

　　生態袋乃綠建材之一，乍聽似生疏，觀似模糊朦朧，然若明白言之，其乃是一種可以裝填土料，以地工合成材（例如 PP 或 PET）製成之填土袋，此袋在工程界有被濫竽充數之嫌，且其稱呼多如過江之鯽，例如：

1. 土包、沃土包、填土包、擋土包、生態土包、植生土包、生態包
2. 土袋、填土袋、回包土袋、織布袋、土包袋、植生土袋
3. 植生袋、美植袋、植栽袋、地工袋、土工袋、地工包

4. 地工合成袋、地工織布袋（PE 袋、PP 袋、PET 袋……）

5. 生態袋、編織袋、綠化袋、生態綠化袋

　　針對前述各種名稱，迄今為止，尚無任何規範或國家有統一之規定，學術界與工程界人士亦各有個之偏好與習慣，惟在此袋可兼具結構安全性、符合生態理念與景觀綠美化之前提下，吾人建議以「結構生態袋」（至少應稱為生態袋）稱之，即必須符合「結構力學功能」與「生態永續」之袋，其理由如下：

　　1. 結構生態袋之基本要求應是「適度透水且不透土」。故使用結構生態袋時首應確保其保土性與透水性。因此，結構生態袋應有合乎標準之孔徑，即高分子纖維間之空隙須在合理尺寸之範圍內。袋體太厚、孔徑太小，其對植被生長與根系延伸必形成阻礙，此對柔性擋土結構之長期穩定性至為不利。此外，孔徑如太小，水份滲入後將不易排出，致使生態袋體單位重量急劇增加，導致土體結構變形、沉陷（Settlement，亦稱沉降）與原設計未考量之靜水壓力。反之，生態袋之孔徑太大、袋體過薄時，水份固可充分外排，惟袋中之土壤或填充物將將隨水流而大量流失，致使生態袋土體重量減輕，易造成土體局部沉陷甚或大規模沉陷，終將導致失穩坍塌。至於結構生態袋之不透土（或稱保土）意指袋中之內裝填土或細石料等粒徑須在某個適當尺寸以上。

　　2. 不論此袋之組成材料成份為何，充填土壤（或含碎石）之後，此袋必須具有長期結構功能性。具體言之，此袋在其服務年限之內絕不可破損裂解，例如抗老化、不水解、不斷裂、不因紫外線照射或微生物侵蝕而降解、可耐酸鹼且各式強度均須保持在設計容許範圍之內。其主要原因在於一旦此袋破損，袋中之土壤、石料必隨水份流動而漸失，除景觀不佳外，終將導致土失而坡損牆倒。故結構生態袋在設計年限內之長期結構功能性至為重要，不可等閒視之。

3. 結構生態袋之構築必須思考與環保意識、節能減碳之生態永續發展理念完全契合。除了表面之綠美化與景觀考量之外，長期而言，此柔性結構仍在為天地間之生態環保而默默奉獻，亦即結構生態袋必須提供植物友善之環境，利於植物穿越生態袋體而穩定生長，尤其是低矮型灌木、喬木為然。

4. 結構生態袋之最佳顏色應為綠色（當然，此乃經加工處理過後之顏色），於甫完工且植生草木未生長前即可呈現大片綠色呼應天地，即使因冬季嚴寒，植生暫時枯萎期間仍可保持綠色之外觀，不致造成工址地貌景觀之異常突兀。坊間有甚多廉價之土包袋亦以生態袋為名，經碳黑（Carbon Black）處理後呈深黑色，一旦植生狀況不佳，易有礙於景觀風貌之譏。當然，吾人必須強調，黑色之結構生態袋並非不可用，惟規劃設計者應有因地制宜之道。

5. 近年來，捨棄傳統預鑄鋼筋混凝土版剛性面牆，以地工格網回包（或稱反包）結構生態袋作為柔性牆面之加勁擋土牆（Mechanically Stabilized Earth Wall, MSEW）已有大幅增加之趨勢。回包式（Wrapped Around）加勁護坡（Reinforced Soil Slope, RSS）亦是如此。故作為牆、坡面之生態袋必須確定其具備長期結構性能。圖 2-1 所示即為典型地工格網回包結構生態袋之柔性加勁擋土牆與護坡結構。

綜合前述，吾人可知，優質結構生態袋必須具有長期耐用性、耐久性，其絕非以地工織物任意單純縫製而成之填土袋。易言之，用於各式工程中之結構生態袋應有科學根基為背景，諸如：物理學、化學、結構力學、土壤力學、水利學、植物學、生物學等等。

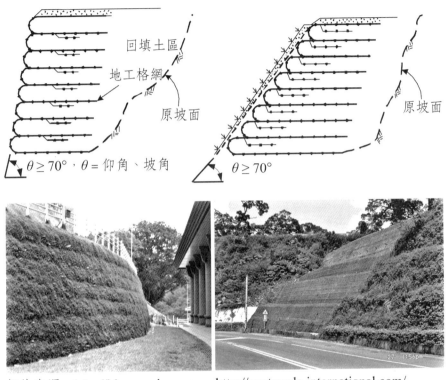

相片來源：http://blog.roodo.com　　http://ecotrends-international.com/

(a) 地工格網加勁擋土牆　　　　(b) 有植栽之加勁護坡

圖 2-1　地工格網回包結構生態袋之柔性加勁擋土結構

　　依工程實務與相關研究【1，3，4】，如圖 2-1 所示，加勁擋土結構之仰角或坡度角（Slope Angle）≧ 70° 者應視為牆，而小於 70° 者則視為護坡。兩者之適用環境與力學行為不全然相同，規劃、設計與施工考量亦有異。

2.3　材質需求

　　將物美價廉之觀念應用於工程建設似有牽強之失。賤價無好貨，劣質品必不耐用。業主、規劃設計單位與社會大眾應有此共識。由昔日工程界常見之破壞案例，劣質生態袋無法達到其設計需求。長期而言，此乃社會成本之損耗。故確認結構生態袋符合規範需求至為重要。

　　結構生態袋可廣泛應用於大地、土木及水利工程等各式擋土結構，而擋土結構採用之地工合成材有地工格網與地工織物兩大類。結構生態袋係由地工織物裁製縫接而成，故結構生態袋亦必須符合相關材料試驗規範。

　　常見之試驗規範有下列數者，即：國際標準化組織（ISO, International Organization for Standardization）、美國材料與試驗協會（ASTM, American Society for Testing and Materials）、歐洲標準系統（European Norm, EN）、英國標準系統（BS, British Standards）、德國標準系統（DIN, Deutsches Institut fur Normung）、日本工業標準（JIS, Japanese Industrial Standards）、台灣之中國國家標準（CNS, Chinese National Standards）與中國大陸之國家標準（GB），以發音為名，「G」為「國」，「B」則是「標」之意。

　　既定尺寸之結構生態袋可直接由供應商處購買，情況特殊時亦可依營造商之實際所需尺寸訂製，惟營造廠商訂製結構生態袋前，應依合約先將製作圖說送交業主審核，經同意後再行訂製。尤應注意者，為確實滿足工址地形之排列密合，所需訂製之結構生態袋可能有數種尺寸，故事先之現地勘查亦不可忽略。此外，承包商亦須於結構生態袋進場後會同現地工程司現場取樣送驗，檢驗設計指定之較重要項目，例如雙向（縱向、橫向）極限抗拉強度、縫合強度、CBR（California Bearing Ratio，頂破強度）、AOS（Apparent Open Size，有效網目孔徑，或稱表觀開孔徑、表觀孔徑）及透水率等項目。典型之結構生態袋規格需求如表 2.1 所示。

　　總體而論，規劃設計時必須確認之結構生態袋主要材質特性有下列三大項，即：1. 物理特性（Physical Properties），2. 力學特性（Mechanical Properties），3. 耐久性（Durability）。

表 2.1　結構生態袋之典型規格需求例

項目	單位	規格	規範依據
結構生態袋材質		PP 或 PET	燃燒法
雙向極限抗拉強度	kN/m	$\geqq 30$	ASTM D4595，CNS 13300 ISO 10319，CNS 13483
頂破強度（CBR），CBR 貫入試驗	N	$\geqq 2500$	ASTM D6241，ISO12236
抗紫外線（500hrs）	%	$\geqq 90$	ASTM G154，ASTM G155 ASTM D4355，ASTM D5970，CNS 9024
雙向撕裂強度	N	$\geqq 400$	ASTM D4533，CNS 13299 CNS 3559
有效網目孔徑（AOS）	mm	$\leqq 0.25$	ASTM D4751，CNS14262
正面透水率	S^{-1}	$\geqq 0.2$	ASTM D4491，CNS13298 CNS 10460
縫合強度	kN/m	$\geqq 12$	ASTM D4884

註：1. 此表僅是範例，不同設計者針對不同之工址狀況，其要求或有差異。
　　2. 表中之各試驗內容詳見後續章節說明之。

2.3.1 物理特性

1. 厚度、質量與密度

(1) 厚度：前述提及，結構生態袋不可太薄，以免孔徑過大。此外，厚度亦須足夠方可達到過濾（Filtration）與排水（Drainage）之功能。材料供應商通常皆有此數據可供設計者參卓。常用地工織物之厚度依不同廠牌與功能需求而異，有 0.5mm（20mils）～ 1mm 之間者，亦有大於 1mm 者。某些特殊情況下亦可達 3 ～ 5mm 左右。惟吾人應注意，依國際慣例，欲達到結構生態袋之確實功能，其厚度應 ≥ 1.1mm 甚至 1.2mm 以上。常用之試驗規範如下：

· ASTM D1777：Standard Test Method for
　　　　　　Thickness of Textile Materials
· ASTM D5199：Standard Test Method for Measuring the
　　　　　　the Nominal Thickness of Geosynthetics
· 台灣 CNS 5610（L3080）：非織物檢驗法（Method of Testing for
　　　　　　Nonwoven Fabrics）
· 台灣 CNS 14260 （A3374）：地工織布及地工防水膜標稱厚度試
　　　　　　驗 法（Method of Test for Measuring
　　　　　　Nominal Thickness of Geotextiles and
　　　　　　Geomembranes）
· 中國大陸 GB/T 17639：土工合成材料長絲紡粘針刺非織造土工布

地工織布係線狀（纖維狀）原料織成，其單位長度之重量為線性密度，單位乃 kg/m，1tex = 10^{-6}kg/m。而實務上採用之單位為 denier，1tex = 9deniers。由於地工織布之表面呈現不規則性，量測其標準厚度有時甚為不易，故亦可以量測單位面積質量輔助之。

(2) 單位面積質量：此意指結構生態袋之單位面積具有之質量或重量，此與抗拉強度等力學性能及透水性亦有密切關係，其單位通常以 g/m² 表示，此數據亦應由材料供應商提供。可資採用之試驗規範甚多，例如：

- ASTM 5261：Standard Test Method for Measuring Mass per Unit Area of Geotextiles（參考圖 2-2）
- ISO 9864-2005：Geosynthetics-Test method for the determination of mass per unit area of geotextiles and geotextile-related products
- 台灣 CNS 5610（L3080）：非織物檢驗法（Method of Testing for Nonwoven Fabrics）
- 台灣 CNS 14279：地工織物單位面積質量試驗法（Method of Test for Measuring Mass per Unit Area of Geotextiles）
- 中國大陸 GB/T 17639：土工合成材料長絲紡粘針刺非織造土工布

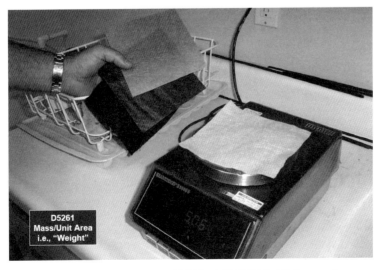

圖 2-2　ASTM 5261 試驗地工織物單位重【1，8】

(3) 比重與密度：此數據亦應由材料供應商提供，例如依試驗規範 ASTM D792（Standard Test Methods for Density and Specific Gravity of Plastics by Displacements）為之，其單位為 g/cm^3。

2. 表觀開孔徑（Apparent Opening Size, AOS）

為了確認結構生態袋之保土能力，必須確認其有效網目孔徑或表觀開孔徑之大小須適宜。透過試驗，吾人便可掌握具有通過結構生態袋孔隙能力之大約土壤顆粒粒徑，進而篩選適用之袋中內裝填土。可資用以檢核 AOS 之試驗規範如下：

- ASTM D4751：Standard Test Method for Determining Apparent Opening Size of a Geotextile（參考圖 2-3）。
- CNS 14262：地工織物表觀開孔徑試驗法，Method of Test for Determining Apparent Opening Size of a Geotextile
- BS EN ISO 12956：Geotextiles and Geotextile-Related Products-Determination of the Characteristic Opening Size
- 中國大陸 GB/T 17639：土工合成材料長絲紡粘針刺非織造土工布，等效孔徑 O_{95}

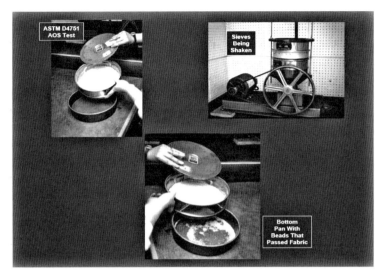

圖 2-3　ASTM D4751 AOS 試驗【8】

3. 透水性

　　加勁擋土結構使用之結構生態袋係地工織物之製成品，由工程實務界觀之，其材質大部分為聚丙烯（PP）或聚酯纖維（PET）。此等地工織物雖有甚多用途，然最為工程界稱道者乃是其甚適合作為「過濾」、「排水」之用途。事實上，地工織物之前身俗名實為「Filter Fabrics」。

　　當地工織物之厚度足夠時，其亦可作為過濾與排水材料之用途。然吾人亦應認知，「過濾」意指水流方向與地工織物之平面垂直，而「排水」則指水流方向與地工織物之佈設平面平行。故地工織物之透水性意在測試其垂直滲透性，而滲透性之大小則可由滲透係數（Coefficient of Permeability）或透水率觀之。

　　常見測試結構生態袋透水性之試驗規範諸如：

　　‧ ASTM D4491-99a：Standard Test Methods for Water

Permeability of Geotextiles by

Permeability（參考圖 2-4）

・CNS 13298：地工織物正向透水率試驗方法，Method of Test for

Water Permeability of Geotextiles by Permittivity

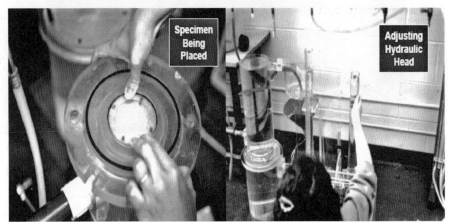

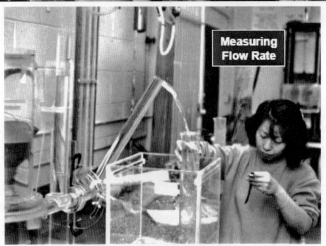

圖 2-4　典型之滲透係數試驗【1，8，9】

- CNS 10460：纖維製品防水性檢驗法——靜水壓試驗，Method of Test for Water Resistance of Clothes-Hydrostatic Pressure Test
- ISO 11058：Geotextiles and Geotextile-Related Products-Determination of Water Permeability Characteristics Normal to the Plane, without Load
- 中國大陸 GB/T 17639：土工合成材料長絲紡粘針刺非織造土工布，垂直滲透係數

水流具有動能，流速愈大則動能愈大，其在流動過程中會將土壤顆粒帶往他處，長期之後，土體流失掏空，致使擋土結構之穩定性受損，故結構生態袋須有合宜之 AOS。然結構生態袋亦須適度透水，以免產生額外之靜水壓力。

描述結構生態袋透水性之最重要數據乃是滲透係數，滲透係數亦可以透水係數稱之，其物理意義乃是水位坡降（Gradient）為 1 時之流速。為求實用，擋土結構中之地工織物滲透係數應比工址處土壤之滲透係數大於 10 倍以上【3，6，7】。

任何地工織物於出廠後必有其表定之透水率，惟於工址施工完成後，地工織物必因上有載重或其他原因而擠壓變形，致地工織物原有之透水空隙減小，此點至為重要，絕不可忽略。故長期而言，擋土結構中之結構生態袋透水效率必不可能如同試驗值所示，蓋因假以時日之後，必有甚多因素可能造成其透水率之折減，故排水設計時宜有折減係數（Reduction Factor）之認識。如依美國地工合成材料協會（Geosynthetic Institute, GSI）【1】之建議，計算地工織物容許流率（透水率）時可依下式計算之：

$$q_{allow} = q_{ult} \left[\frac{1}{RF_{SCB} \times RF_{CR} \times RF_{IN} \times RF_{CC} \times RF_{BC}} \right] \cdots (2\text{-}1)$$

上式中：q_{allow} = 容許或設計流率（Flow Rate），此值必小於 q_{ult}

q_{ult} = 地工織物成品之極限流率，此值應由製造商經由有公信力認證試驗機構試驗後而公諸大眾。

RF_{SCB} = 土壤阻絕（Soil Clogging and Blinding）造成之折減係數

RF_{CR} = 地工織物受載重壓力而致排水空隙折減（Creep Reduction of Void Space）之係數

RF_{IN} = 其他材質（含土粒本身）入滲卡緊於地工織物孔隙間（Intrusion into Voids）而阻塞透水造成之折減係數

RF_{CC} = 化學物阻絕（Chemical Clogging）或沉澱累積於地工織物孔隙而造成之折減係數

RF_{BC} = 排水區因微生物生長而阻絕（Biological Clogging）造成之折減係數

前述式（2-1）中各項折減係數，依 GSI【1】之建議，在無實驗數據之支持下，設計者或可採用如表 2.2 所建議之值。

表 2.2　GSI 建議之地工織物流率折減係數【1】

	使用折減係數範圍				
	土壤阻絕*	織物排水空隙受壓降低	其他材質（含土粒）阻塞織物空隙	化學物阻絕**	微生物阻絕
擋土牆之濾水	2.0～4.0	1.5～2.0	1.0～1.2	1.0～1.2	1.0～1.3
地下排水過濾	2.0～1.0	1.0～1.5	1.0～1.2	1.2～1.5	2.0～4.0***
土壤沖蝕控制過濾	2.0～1.0	1.0～1.5	1.0～1.2	1.0～1.2	2.0～4.0
填方處之過濾	2.0～1.0	1.5～2.0	1.0～1.2	1.2～1.5	2.0～5.0***
重力式排水	2.0～4.0	2.0～3.0	1.0～1.2	1.2～1.5	1.2～1.5
壓力式排水	2.0～3.0	2.0～3.0	1.0～1.2	1.1～1.3	1.1～1.3
註：＊＝如有石塊覆蓋地工織物表面時，宜用上限值。 　　＊＊＝地下水高度混濁或高鹼性時宜用較高值。 　　＊＊＊＝微生物含量特高或有機生物根系發達時可採用更高值。					

　　吾人亦須有清楚之認知，加勁擋土結構各工址之環境與地質狀況不同，故適宜採用之地工織物特性必有差異。因此，表 2.2 中之值須因地制宜斟酌採用之。且最重要者乃是「土壤阻絕」，其主要目的在於考量上游流水帶來之土壤顆粒可能沉積於地工織物成品內部（例如填塞於結構生態袋之內裝填土空隙）之中，漸而阻絕水流。故前述之「土壤阻絕」係指土壤顆粒隨水流進入地工織物成品內部後形成較大體積之塊狀土體而阻絕水流，而表 2.2 中之「其他材質（含土粒）阻塞織物空隙」則是指地工織物平面中之透水空隙因有材質阻塞而致透水性漸減。

　　通過地工織物之水流可能含有化學成分或其他既有化學性物質，其可能沉積或與地工織物產生化學合成作用而有沉澱物黏著，致阻塞地工織物之透水空隙。尤其是含鹼性高之地下水中之鈣（Calcium）或鎂（Magnesium）常可能造成可觀之沉澱物，進而阻塞地工織物之表面孔隙。

　　微生物阻絕之重點考量在於入滲加勁擋土結構之水質為何。例如農業用廢水、工業污水及畜牧業排放水皆富含微生物，其入滲加勁擋土結構中會造成微生物滋長或涵養劣等植物根系，造成地工織物之透水性漸趨不良。一般而言，當流水中之 BOD（Biochemical Oxygen-Demand）值大於 5000mg／公升 時，吾人便應重視微生物阻絕之問題【3，4】。

　　描述至此，筆者再次強調，設計者應有清楚之認知，結構生態袋之各性質不可能如剛出廠新品時那般完美無瑕，長期使用後必因外界各種因素之影響而有某種程度之「折損」與「品質下降」，故結構生態袋生命週期（Life Cycle）內之「折減係數」應當適時適量採用之。

2.3.2　力學特性

　　結構生態袋係由纖維式不織布編織製成，為保證其具備長期性之結

構力學功能，吾人務須確認其力學特性。規劃設計時須考量之相關力學特性計有下列各項，即：

2.3.2.1　抗拉強度與伸長率：含縱向（經向）與橫向（緯向）

此即為結構生態袋之雙向極限抗拉強度與抗拉伸率，即保證結構生態袋在承受極限拉力且已伸長之情況下，此結構生態袋中之組成纖維絕不可斷裂，否則亦將造成此袋其他物理性質之受損或改變，例如纖維斷裂，則其 AOS 與透水性亦將隨之改變。結構生態袋之所有力學特性中，以抗拉強度最為重要。基本上，其測試係將地工織布放置於一對夾具之中，並將該組夾具配置於抗拉機，然後施加拉力直至該地工織布破壞為止。於試驗過程中，吾人便可依荷重與延伸量而繪製其應力——應變曲線圖（Stress-Strain Diagram），由此圖便可判定地工織布之四種特性，即：

- 極限抗拉強度
- 斷裂時之延伸量，此即極限應變量
- 斷裂韌度，此即為應力——應變圖與橫座標間之面積
- 抗拉模數，此即為應力——應變曲線之斜率

圖 2-5 所示即是不同地工織布之典型應力——應變曲線圖。如須計算應力值，必須先確認該織布試體之厚度，惟如前所述，地工織布之厚度並不均勻，故計算地工織布於某橫斷面之拉應力實屬不易之舉。

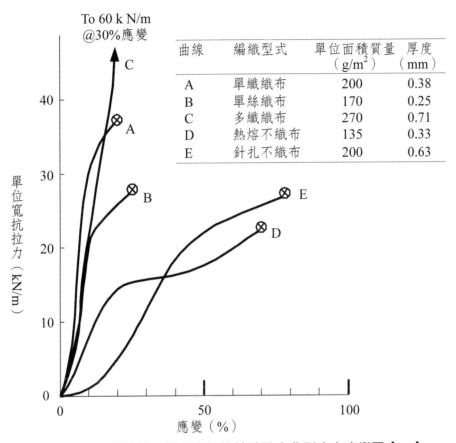

圖 2-5　不同型式地工織布寬幅抗拉試驗之典型應力應變圖【10】

　　常用地工織布之抗拉試驗有三種（亦可參考表 2.3），即：(1) 抓式法（Grab Method），(2) 條式法（Strip Method），(3) 寬幅法（Wide-Width Method），此外超寬幅試驗法則為非標準試驗法（較少人採用之），其示意如圖 2-6 所示。

　　台灣 CNS 試驗規範中，含抓式抗拉試驗規範與寬幅抗拉試驗均是參考美國材料與試驗協會（ASTM）之規範修訂而成。而條式抗拉試驗法中，CNS5610 規範較適用於不織布之試驗，此外， CNS12915 抽紗條式

抗拉試驗則較適用於織布之抗拉試驗，此試驗係以 ASTM D1682（Standard Methods of Test for Breaking Load and Elongation of Textile Fabrics）為藍本而修訂者。然吾人亦應認知，ASTM D1682 已於 1992 年取消。ASTM D5035 規範則可適用於大部分織布與不織布之條式抗拉試驗，但不適用於針織布（Knitted Fabrics）或延伸率超過 11% 之織物。嚴格而論，條式法多採用於製造廠商品質控制之用途，甚少用於土木、大地工程中之材料測試。

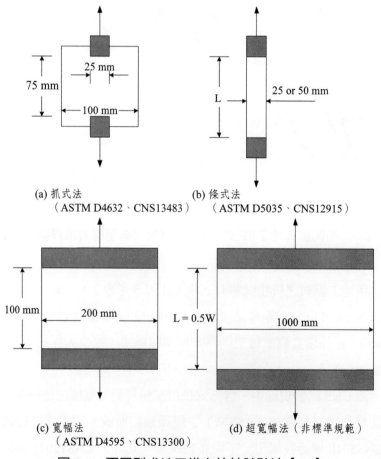

(a) 抓式法
（ASTM D4632、CNS13483）

(b) 條式法
（ASTM D5035、CNS12915）

(c) 寬幅法
（ASTM D4595、CNS13300）

(d) 超寬幅法（非標準規範）

圖 2-6　不同型式地工織布抗拉試驗法【10】

　　針對結構生態袋之抗拉強度與伸長率而言，實務上可採用之試驗規範有數種，表 2.3 所示即為典型之例。抗拉強度係針對單位寬度而言，單位為 kgf、kN/m 或 N/m，伸長率之單位則是百分比（％）。圖 2-7 所示即是典型之抓式抗拉試驗，此亦是結構生態袋抗拉強度試驗中，最常採用之方法。此外，由於地工織物受拉時因柏松比（Poisson's Ratio）效應而有頸縮（Necking）現象，故近年來亦有人採用寬幅法，取較大之試片寬度以減低頸縮效應，且試驗速率較慢，甚符合工址之工程行為。

表 2.3　地工織物抗拉強度試驗規範

方　法	試　驗　規　範
抓式法 （Grab Method）	ASTM D4632、ASTM D5034、CNS 5610 第 4.3.1 節、CNS12915 第 6.12.1(2) 節、CNS13483
條式法 （Strip Method）	ASTM D5035、CNS 5610 第 4.3.2 節、CNS12915 第 6.12.1(1) 節
寬幅法 （Wide-Width Method）	ASTM D4595、CNS 13300、ISO10319
註： ASTM D4632-08：Standard Test Method for Grab Breaking Load and Elongation of Geotextiles ASTM D5034-09：Standard Test Method for Breaking Strength and Elongation of Textile Fabrics (Grab Test) CNS 13483：地工織物抗拉強度及伸長率試驗法（抓式法） ASTM D5035-06（2008）：Standard Test Method for Breaking Force and Elongation of Textile Fabrics (Strip Method) ASTM D4595-09：Standard Test Method for Tensile Properties of Geotextiles by the Wide-Strip Method ISO 10319-08：Geosynthetics-Wide-Width Tensile Test CNS 13300：地工織物抗拉強力試驗法（寬幅法）	

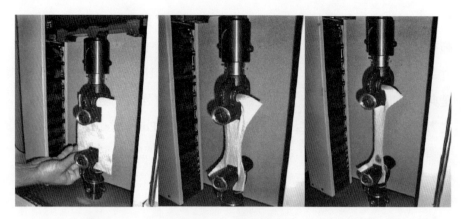

圖 2-7　ASTM 與 ISO 之抓式法試驗【1，8，9】

2.3.2.2　撕裂強度：含縱向與橫向

　　為保証結構生態袋能符合結構力學之功能，結構生態袋除需檢核其極限抗拉強度之外，亦須同時檢測其抗撕裂強度。抗拉強度試驗之目的是確認纖維直線受拉延伸而不斷裂之強度，而撕裂強度試驗則是為了確認結構生態袋遇裂口（Cut）受力而不再延伸。常用之試驗規範例如下：

- ASTM 4533-04（2009）：Standard Test Method for Trapezoid Tearing Strength of Geotextiles（參考圖 2-8a）
- CNS 13299：地工織物撕裂強度試驗法（梯形法）（Method of Test for Trapezoid Tearing Strength of Geotextiles）
- CNS 5610（第 4.10.1 節）：非織物試驗法（Method of Test for Nonwoven Fabrics）
- CNS 12915（第 6.15.4 節）：一般織物試驗法（Method of Test for Fabrics）

・ISO 13937-2：Textiles-Tear Properties of Fabrics，Part2：Deter-
mination of Tear Force of Trouser-Shaped Test Speci-
mens（Single Tear Method）（參考圖 2-8b）

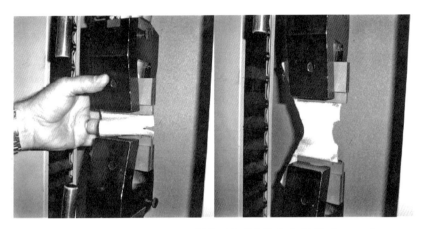

圖 2-8a　ASTM D4533（梯形）撕裂強度試驗【1，8】

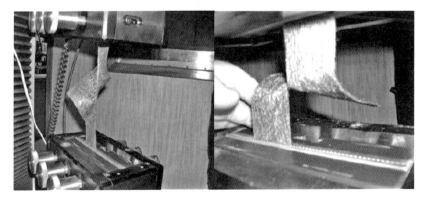

圖 2-8b　ISO 13937-2（單向）撕裂強度試驗【1，9】

2.3.2.3 接縫強度：含縱向與橫向

結構生態袋係由整匹大面積之地工織物裁剪之後再縫接而成，故其接縫強度（Seam Strength）亦須足夠，以免完整袋體由接縫處開裂。為保證接縫強度無虞，理論而言，接縫線材質與結構生態袋主體應相同，甚至於是具更高抗拉強度者，例如生態袋之材質如為 PP（聚丙烯），則其接縫線亦應以 PP 為宜。惟吾人亦應認知，接縫強度與縫製程序及技巧亦有關連。工程實務上，常用來檢核結構生態袋接縫強度之試驗規範如下：

- ASTM D4884：Standard Test Method for Strength of Sewn or Thermally Bonded Seams of Geotextiles（參考圖 2-9）
- CNS 8150（第 6.1 節）：紡織品縫合強力檢驗法（Method of Test for Seam Strength of Clothes）

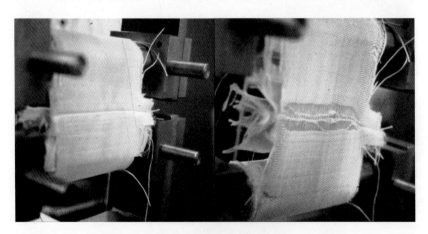

圖 2-9　典型之接縫強度試驗【1，8，9】

2.3.2.4 貫入強度

檢核結構生態袋貫入強度（Puncture Strength）之主要目的在於確保類似塊石狀（以 5 公分尺寸衝鎚模擬）之物體不至因快速流動、衝擊而擊破結構生態袋。工程實務上，可資利用檢核貫入強度之試驗規範諸如：

- ASTM D6241-04（2009）：Standard Test Method for the Static Puncture Strength of Geotextiles and Geotextile-Related Products Using a 50-mm Probe（參考圖 2-10）
- ISO 12236-2006：Static Puncture Test (CBR Test)
- EN ISO 12236-2006：Geosynthetics-Static Puncture Test (CBR Test)

圖 2-10　ASTM D6241 之貫入強度試驗【1，8，9】

2.3.2.5 抗穿刺強度

抗穿刺強度與前述貫入強度不同，其主要是針對細尖物體（註：ASTM D4833 規範以直徑 8mm 之刺鎚模擬之），以防止其刺入結構生態袋中，例如急速漂流於河川中之樹枝、尖銳流石或其他尖頭狀漂流物。常用之試驗規範（參考圖 2-11）諸如：

- ASTM D4833：Standard Test Method for index Puncture Resistance of Geomembrans and Related Products
- ASTM D4594：Standard Test Method for Effects of Temperature on Stability of Geotextiles, Puncture (Pyramid) Strength, Method "B"
- CNS 14263：地工織物、地工防水膜及相關產品之抗穿刺試驗法

惟吾人亦應注意，自 2009 年開始，ASTM D4833 已由 ASTM D6241 取代，D6241 試驗規範之全名為「Standard Test Method for the Static Puncture Strength of Geotextiles and Geotextile-Related Products Using a 50mm Probe」。

圖 2-11(a)　ASTM D6241 之抗穿刺強度試驗【1，8】

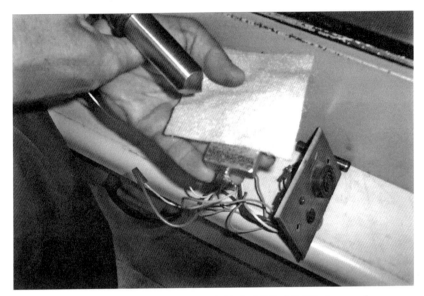

圖 2-11(b)　ASTM D4594 之抗穿刺強度試驗【1，8】

2.3.3　耐久性

結構生態袋乃為長期使用，短則數年，長則數十年，甚至超過百年。此外，吾人亦須檢核其使用處所是否合宜，非隨地皆可任意為之。故針對其長期適用性或耐久性（Durability）應詳實逐項檢核之。

2.3.3.1　抗裂解特性

欲探知結構生態袋之耐久性之前，吾人首先必須先了解裂解或降解（Degrading）之意義。簡而言之，裂解乃地工合成加勁材之組成分子架構分裂鬆解而失去原有抗力與強度之意。裂解現象之產生主要是因為高分子聚合物受外力因素影響，發生反應而漸解體之結果，例如輻射裂解、化學裂解（Chemical Degradation）、生物裂解（Biological Degradation）、溫度變化、水溶性（水解）、動物啃食破壞及紫外線之照射均屬之。

　　不同成份之地工合成材對不同裂解特性有不同之影響，例如 PET 於鹼性環境中易水解且易受高溫之影響。聚丙烯（PP）與高密度聚乙烯（HDPE）則不利於高溫之直接曝曬。諸多外界影響因素中尤以太陽輻射紫外線（可參考 ASTM D4355，Test Method for Deterioration of Geotextiles from Exposure to Ultraviolet Light and Water）為最大影響因子。

　　一般高分子聚合物材料長期曝露於陽光下，易有材質劣化之傾向，致使原有強度明顯下降，此乃高分子材料力學性質中之重要特性。造成此因素之主要原因為：高分子材料主要由 C（碳）、H（氫）、O（氧）原子所構成，其間原子鍵只要施以足夠能量便足以造成原子鍵斷裂，繼而使其材料裂化、強度下降。高分子材料中，C=O 鍵之鍵結強度較低，最容易產生光裂解作用，而地球表面光之最短波為紫外線，其波長就足以造成 C-C 單鍵斷裂而導致輻射裂解破壞。因此，含 C=O 鍵之高分子材料，例如 PET（聚酯纖維），其抗耐光裂解作用強度最低，故其與抗紫外線之相關安全係數需較高【2】。故結構生態袋供應廠商對其產品有義務提供包括長期老化作用、各種化學成份與微生物侵蝕影響等資料之出廠證明。

　　如前所述，地工合成材料主要以高分子聚合物所製成，對於化學侵蝕、海水及微生物之耐久性隨材料之種類而異。與耐久性相關之因素甚多樣化，諸如：潛變、施工損傷與抗氧化性（紫外線輻射）等。高分子聚合物製成之加勁材料基本要求如表 2.4 所示，其反應至最基本等級之地工合成加勁材產品規格。

表 2.4　高分子聚合物製成之加勁材料基本要求

性質	試驗規範	最低要求
抗紫外線	ASTM D4355	70% 剩餘強度 （500 小時模擬紫外線照射）
抗安裝損壞	ASTM D5818	單位重大於 $270g/m^2$ 〔僅適用於地工織物（Geotextile）〕
ASTM D4355—Test Method for Deterioration of Geotextiles from Exposure to Ultraviolet Light and Water (Xenon-Arc Type Apparatus) ASTM D5818—Standard Practice for Exposure and Retrival of Samples to Evaluate Installation Damage of Geosynthetics		
註：依各工程重要性，此表之要求或有些許差異		

2.3.3.2　抗氧化特性

　　氧化（Oxidation）意指材料與大氣層中之氧氣接觸而造成之影響。地工合成材之氧化作用通常緣自熱氣、紫外線（Ultraviolet Radiation，UV）、製造過程之殘餘觸媒（Catalyst Residue from Manufacturing Remaining）及其它雜質（Impurities）之反應等【3，5，6】。

　　一般而言，抗氧化之各種因素中，以紫外線造成地工合成材料之強度衰減為最主要考量。目前抗紫外線氧化試驗主要有工址現地與實驗室模擬試驗兩種，惟為節省時間消耗，實務上仍以實驗室模擬試驗佔大多數。現地抗紫外線氧化試驗，即是將地工合成材置於與工址類似之環境中，進行日光曝曬、埋入地下水或其他環境狀況下，而後再予以取樣進行抗拉試驗，以求得氧化係數。圖 2-12 所示則是最常見之模擬紫外線試驗艙。欲得知結構生態袋之抗氧化性能、抗曝曬或耐候性，可依下列試驗規範為之，例如：

- ASTM G154：Standard Practice for Operating Fluorescent Light Apparatus for Exposure of Nonmetallic Materials

- ASTM G155-05a：Standard Practice for Operating Xenon Arc Light Apparatus for UV Exposure of Nonmetallic Materials
- ASTM D1435：Standard Practice for Outdoor Weathering of Plastics
- ASTM D4355：Standard Test Method for Deterioration of Geotextiles by Exposure to Light, Moisture and Heat in a Xenon Arc Type Apparatus
- ASTM D5970：Standard Practice for Deterioration of Geotextiles from Outdoor Exposure
- BS EN 12224：Geotextiles and geotextile-related products, Determination of the resistance to weathering
- CNS 9024（1982）：碳弧燈型耐光試驗機
- CNS 11228（2004）：工程用非織物

結構生態袋抗紫外線之功能要求非常重要，工程實務上，因紫外線長期照射而致破裂之生態袋實不可勝數。

圖 2-12　典型之模擬紫外線試驗艙【1，8，9】

結構生態袋之應用工法設計時務必謹慎考量其長期使用性能，例如生態袋或地工織物製作時若未施加適量之抗紫外線劑且經常暴露於陽光照射下，數個月後便可見其材質明顯開始老化並發生裂解破損現象。圖2-13 所示即為典型之例，此現象在工程實務界屢見不鮮。故選擇結構生態袋時務必詳實檢核其抗 UV（紫外線）性能。

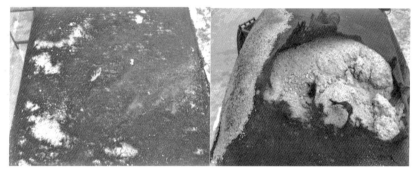

(a) 內填土料完成時　　　　　　(b) 曝曬六個月後

圖 2-13　長期紫外線曝曬對劣質生態袋可能造成之影響

2.3.3.3　抗化學腐蝕性

腐蝕將造成地工合成材之有效抗拉面積漸減，短時間內可能不甚明顯，惟一旦發現，可能為時已晚，故任何結構生態袋工法設計時務必考量工址之土質化學特性及其所在位置是否有具化學腐蝕性之水流或其他有害雜質。關於地工合成材料之化學穩定性，工程實務界大部分均參考 ASTM D5322（Test Method for Immersion Procedures for Evaluating the Chemical Resistance of Geosynthetics to Liquids）試驗規範執行之。

2.3.3.4 水解作用

水解意指結構生態袋長期浸泡於水中或因乾溼交替而造成其組成份子之崩解斷裂，且結構生態袋本身亦不可有吸收水份之特性。水解作用易造成以聚酯（PET）為主之聚合物分子量降低，進而導致地工合成材料之強度降低。與 PET 相比較，聚丙烯（PP）抗水解之功能較佳。影響水解之因素甚多，例如：聚合物之 CEG（Carboxyl End Group）、分子量、環境背景之酸鹼性、相對濕度及溫度變化等。故針對一般土壤而言，當酸鹼值 pH 值高於 9，即強鹼環境，或遇高溫、高濕之環境，例如河岸保護工、工業區附近與垃圾掩埋場，採 PET 較為不利，設計者應謹慎處理。檢測結構生態袋抗水解能力可依下列規範，例如：

- GRI-GG7：Carboxyl End Group Content of PET Yarns
- ISO 13439：Hydraulic Resistance
- EN 12447：Geotextiles and Geotextiles-Related Products - Screening Test Method for Determining the Resistance to Hydrolysis

2.3.3.5 抗微生物侵蝕性

地工合成材料之材質主要為高分子聚合物，對微生物（細菌）之侵蝕性抵抗力通常甚佳，故除非情況特殊，工程實務上，無需特別考慮此項外在影響之因素。惟針對加勁土體之重要性特高或有細菌破壞（例如垃圾掩埋場旁）侵蝕之疑慮時，可依美國地工合成材料協會（Geosynthetic Institute, GSI）之 GRI-G22（Determining Resistance of Synthetic Polymer Materials to Bacteria）試驗規範檢核之。

2.3.3.6 抗潛變性

潛變（Creep）乃是外力保持固定之前提下，變形（Deformation）隨時間增長而逐漸增加之現象。檢核地工合成材潛變特性之目的在於確定該加勁材料是否具有長期適用性。如以地工織物與地工格網相較，地工格網之潛變特性實較地工織物明顯且重要，其可利用之試驗規範例如：

- EN ISO 13431：Geotextiles and Geotextiles-Related Products-Determination of Tensile Creep and Creep Rupture Behavior

綜觀各工程先例，除非狀況特殊，結構生態袋各應用工法設計時要求潛變特性之可能性微乎其微，惟地工格網則不可忽視。

2.3.3.7 電化學特性

地工織布由於長年與填築土料接觸，為免其受電位差影響而造成腐化劣化裂解，故規劃設計時猶須謹慎檢核其電化學特性（Electrochemical Properties），如表 2.5 所示，依工址特性而慎選合宜之結構生態袋。

表 2.5　地工織物之工址電化學特性要求【7】

合成材	需求	試驗規範
聚酯（PET）	3 < pH < 9	AASHTO T-289-91 Standard Method of Test for Determining pH of Soil for Use in Corrosion Testing
聚丙烯（PP）高密度聚乙烯（HDPE）	pH > 3	

2.3.3.8 溫度變化之影響

地工合成材料是由高分子聚合物所組成，在高溫條件下，此合成材料亦可能發生熔融（Melting）現象，即便溫度未達到熔點，然其聚合物

分子結構也可能已發生明顯之變化。理論上，不論是 PP、PET 或 HDPE 均易有長期受高溫而老化之現象。如欲確認所用地工合成材料受溫度之確切影響，可依 ASTM D4594（Test Method for Effects of Temperature on Stability of Geotextiles）試驗規範為之。惟綜觀各結構生態袋各應用工法案例，須考量生態袋溫度變化影響之可能性實微乎其微。

2.4 鋪設損傷

地工合成加勁材在鋪設及施工機械夯實過程中，易受施工機械滾壓或岩塊礫石等擠壓損傷破裂。除非施工與監造人員特別細心，否則此種損傷常不易被發現，工程實務上，亦有人以「機械損傷」、「安裝損傷」或「施工損傷」（Installation Damage）稱之。以鋪設損傷而言，地工織物比地工格網更應謹慎。尤應注意者，施工損傷與施工機具是否直接重壓及填築土料之粒徑是否太大有直接關連。

由工程實務觀之，單位面積重量太輕、低抗拉強度之地工織布不宜採用，以免容易施工損壞，抗拉強度折損過大。

若以不織布等平面式加勁材施工時，因常有不同程度之損傷，則應再加以考慮加勁材之抗撕裂強度（ASTM D4533, Test Method for Index Trapezoidal Tearing Strength of Geotextiles）、抗迸裂強度（ASTM D3786, Test Method for Hydraulic Burst Strength of Knitted Goods and Nonwoven Fabrics）、抗頂破強度（ASTM D3787）與抗穿刺強度（ASTM D751）等試驗，以評估該不織布施工破損之難易程度。如欲針對施工損壞之取樣要求定出標準，可參考 ASTM 5818-95（Standard Practice for Exposure and Retrieval of Samples to Evaluate Installation Damage of Geosynthetics）試驗規範檢核之。

2.5 土質適用性

　　規劃設計結構生態袋各工法時，除前述之外，設計者亦應謹慎考量高分子聚合物製成之結構生態袋於不同土質中之適用性，進而慎選合適之內裝填土與填築土料，如圖 2-14 所示，結構生態袋長期與內裝填土及填築土料接觸，故須對土料之性質深入了解，以免結構生態袋之物理、化學性質與力學特性改變而致裂解破壞。

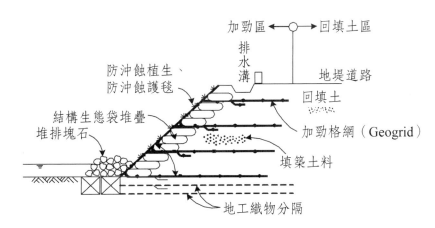

圖 2-14　以地工格網回包結構生態袋之加勁護坡例

　　表 2.6 所示即是 PET、PE 與 PP 於不同土質中之適用性，由此表可清楚看出，深入了解土質特性對選擇合適之結構生態袋有正面助益。

表 2.6　地工合成材於不同土質中之適用性【6，7】

土質特性	聚酯 PET	聚乙烯 PE	聚丙烯 PP
含硫酸鹽之酸性土	（註 1）	ETR（註 2）	ETR（註 4）
有機土壤	ok（註 3）	ok	ok
鹽性土，pH < 9	ok	ok	ok
碳質土	ETR	ok	ok
水泥、石灰質土	ETR	ok	ok
鈉質土，pH > 9	ETR	ok	ok
含過渡性金屬（Transition Metals）之土壤	ok	ETR	ETR

註：1. PET 於強鹼及一般酸性環境皆有易降解（Degrading）之虞。
　　2. ETR = 可能有疑慮，應進行曝露試驗（Exposure Test Required），故設計者宜慎選斟酌之。
　　3. ok = 完全無影響（No Effect）
　　4. PP 在某些特高強酸性環境下有可能降解。

2.6　常見設計、施工瑕疵與缺陷

　　結構生態袋可廣泛應用於各式大地工程，由低矮土堤至高聳坡陡之擋土結構幾乎皆可適用，亦即以柔性生態袋應用工法取代傳統剛性鋼筋混凝土擋土結構之能力極強。由於以生態袋構築之擋土結構之柔軟度與高可塑性，可完全配合地形、地貌，直線、曲線或折線形、單階或多階皆可構築，故其在外觀之選擇比傳統剛性擋土結構更具彈性與多樣性，具靈活搭配之功能，極易與生態景觀完全結合。惟吾人亦應注意，柔性生態結構設計之複雜度並不亞於剛性擋土結構，故針對工址現況務必須確實事先了解。

　　總體而言，柔性生態袋結構設計時必須充分掌握下列諸設計參數，

諸如：設計年限、結構體尺寸、內部穩定、外部穩定、外部荷載、土壤參數、水流特性、施工難易度等均須確實掌控。

凡事皆有由頭，由地工織物衍生發展而來之生態袋之出現有其歷史背景，拜高分子複合材料科學之進步及熱心人士之研發推廣方有今日之普及使用，為大地工程與生態永續注入新生命。然綜觀世界各地生態袋應用工法之工程實例，常見之設計與施工瑕疵可歸納如下供讀者參考：

1. 相鄰兩生態袋間之扣緊效果不良，無相互連結功能，以致相鄰袋體間之應力傳遞效果不佳，致使結構功能無法發揮，導致袋體移位甚至崩落，最終導致整體結構失敗。

2. 忽略工址土壤與生態袋體間之長期物理與化學互制作用（Interaction），以致生態袋既存之物理、力學特性改變、降解（Degradation）嚴重而致纖維斷裂破損，內填土料隨著水份流動而漸流失，不止破壞景觀且有礙於該土體結構之長期穩定。

3. 忽略生態袋牆體或坡面後方既存之側向土壓力（Lateral Earth Pressure），以致造成生態袋堆築之牆、坡結構體受過大側壓而移位坍塌。

4. 無排水設施或排水措施不良，入滲水流愈大，土壤顆粒流失愈多，土體抗剪能力愈弱，則生態袋結構體愈易受損。

5. 無生命週期成本（Life Cycle Cost, LCC）之理想，為節省初期建設費用，以劣質袋取代優質生態袋，其雖不致於造成立即危害，惟短則數月，長則數年，其瑕疵必顯現，形成結構弱點危及結構體之安全性。

6. 規劃設計前未確實針對工址現況進行調查與踏勘，以致設計結果無法配合工址之地形、地質、地貌及排水狀況。

7. 植栽計畫未落實，或採用孔徑不合乎要求之生態袋，植物生長具困難度，失去柔性生態結構之先天綠色優勢與節能減碳功能。

8. 未確實了解生態袋體之材質特性，採用不符合工址現況之生態

袋,則日久必見其缺陷。例如採用 PET 生態袋於河堤、湖泊護岸保護工,然長期而言,PET 易因鹼性污水而裂解破損,故此河堤護岸保護工日久必毀損無疑。

9. 未確實利用生態袋之連結、黏合與錨杆系統,故施工後之生態袋牆、坡體未能充份發揮其應有之力學強度與穩定性。

10. 生態袋內之內填土料顆粒尺寸未配合生態袋之表觀開孔徑,以致完工後,凡遇水流便可見混濁色之流水四溢漫流。長期之後,由於內填土料漸失,生態袋之體積將明顯變形塌陷,威脅結構體之結構安全。

2.7 優劣質生態袋之簡易判定方法

透水性攸關生態袋工法之品質至鉅。透水性差,則袋中土壤吸附太多水份,植生效果必不佳。吸附於袋中土壤之水份無法排出,勢將產生額外之靜水壓力,對生態袋土體結構之穩定性至為不利。圖 2-15 所示乃優劣質生態袋之簡易目視判定法,舉手之勞便可輕易判定該生態袋之透水性之良窳。

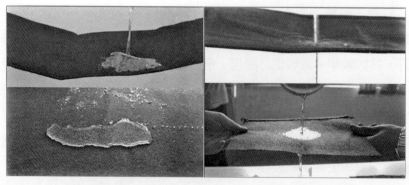

<table>
<tr><td>(a) 劣質生態袋</td><td>(b) 優質生態袋</td></tr>
</table>

圖 2-15　目視透水性判定優劣質生態袋

　　生態袋之抗撕裂能力亦可以簡易之方法判定之，如圖 2-16 所示，用剪刀將生態袋剪開 1 至 2 公分左右，然後用雙手用力撕扯便可判定該生態袋之抗撕裂能力，凡劣質者，其裂縫必快速延伸乃至整片撕裂。

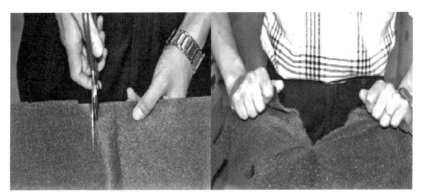

(a) 剪開生態袋　　　　　　(b) 劣質生態袋

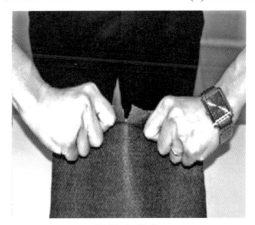

(c) 優質生態袋

圖 2-16　簡易方法判定生態袋抗撕裂能力之優劣

參考文獻

1. Geosynthetic Institute (GSI), Geosynthetic Research Institute (GRI), Folsom, PA, USA.

2. 陳力維（2006），「不同填築土料加勁擋土結構之行為與分析」，國立宜蘭大學土木工程系碩士論文。

3. "Mechanically Stabilized Earth Walls and Reinforced Soil Slope Design & Construction Guidelines", FHWA (Federal Highway Administration), Pub. No. FHWA-NHI-00-043, 2001.

4. 徐耀賜，張宇順，「結構生態擋土工法」，台灣營建研究院，2011 年 1 月，ISBN 978-986-7194-05-3。

5. 「結合生態與景觀之加勁擋土結構設計及施工規範」，台北市土木技師公會委託，堅尼士工程顧問有限公司執行，2004 年 8 月。

6. Allen, T.M. and Bathurst, R.J., "Prediction of Reinforcement Loads in Reinforced Soil Walls", Final Research Report Revised Prepared for Washington Department of Transportation and Federal Highway Administration, U.S. Department of Transportation, 2003.

7. Federal Highway Administration, Pub. No. FHWA-NHI-10-024, "Design and Construction of Mechanically Stabilized Earth Walls and Reinforced Soil Slopes", Washington, D.C., USA, Nov., 2009.

8. http://www.astm.org/

9. http://www.iso.org/

10. Koerner, R.M., "Design with Geosynthetics", 3rd Edition, Prentice-Hall Englewood Cliffs, New Jersey, 1996.

11. 宋朝斌，「老化與磨損試驗對聚丙烯材質織布強度影響研究」，中原大學土木工程學系碩士學位論文，2002 年 6 月。

參考資訊

全球暖化　去年飆到史上最熱

美國「國家海洋暨大氣總署」轄下之「全國氣候資料中心」（National Climatic Data Center, NCDC）指出，2010 年全球陸地與海洋的表面溫度平均值，比二十世紀均溫攝氏 14 度高出 0.62 度，與 2005 年並列 1880 年起記錄溫度數據後，最熱的一年。

此亦是全球溫度自 1977 年以來，連續第 34 年超越 20 世紀的平均值。去年全球地表溫度，比 20 世紀平均值高攝氏 0.96 度，追平 2005 年創下的舊紀錄。海洋表面溫度則較 20 世紀均溫高 0.49 度。

NCDC 科學服務主管伊斯特林（David Easterling）亦指出：「氣候持續呈現溫室氣體排放造成的影響，跡象顯示地球不斷增溫。」近年來，全球頻繁出現極端天候，但伊斯特林說，不能把單一天氣事件之成因直接與暖化掛勾。不過，2000 年以來，全球溫度逐漸攀升的趨勢，將會提高熱浪、乾旱與洪水等極端天候出現之可能性。

美國「國家航空暨太空總署」（NASA）「高達德太空研究院」主管韓森（James Hanson）亦提出明顯警告，倘若暖化趨勢持續，溫室氣體排放不斷增加，2012 年的溫度紀錄將很快被打破。

Chapter 3

地形地貌之改造

3.1　前　言

　　地球上之土壤是歷經 46 億年之生成物，土地則是人類賴以生息之空間，其固可開發，惟不可盲目以至於破壞土地之永續性，威脅人類之生存。

　　地球表面簡稱地表，其乃人類棲居之場所，地表之形狀變化自有人類以來便深深影響人類之活動。研究地表形狀描述之方法、成因、分類以及人類與土地之間交互影響之科學即是地形學（Topography）。地形學是土地資源開發、工商風景區開發、環境保育以及任何民生工程建設等各方面都需要之基本知識。吾人亦應有清楚之認知，地形一詞係專指地表既成形態之外部特徵，例如高低起伏、坡度大小、空間分佈等，其並未涉及地質構造與成份，亦與地表外形之成因與發展無涉。

　　由於內、外力地質作用之長期進行，在地殼表面形成之各種不同成因、不同類型、不同規模之起伏形態，稱為地貌（Geomorphology）。簡而言之，地貌者，地表之外貌也，或吾人肉眼所見之地表外觀與感受。

　　結構生態袋可用於新建工程、工程修繕與災害防治，因地制宜靈活應用，其可發揮之範圍甚廣。本章之重點即在於以淺顯之文字，具體描述如何利用結構生態袋之特性而達到各式工程設計之目的，即：

　　1. 改善原地貌

　　2. 創造全新地形

　　3. 改造原有地形

　　改善原地貌可使人們有更舒適和諧之視覺感受，創造、改造地形則可使吾人有更寬廣之土地使用面積，增加土地之經濟價值。

3.2 改善原地貌

　　某些自然邊坡或已存在某些時日之老邊坡，從地質特性觀之，其可能甚為穩定，無崩塌滑動疑慮，惟其土質可能不適宜植生，或植栽稀疏雜亂，景觀不佳。此時，為改善此處之地貌景觀，吾人可利用結構生態袋沿此邊坡堆疊而上，含肥沃土壤之袋中植物種子、草籽、或灌木成長茂盛後，此邊坡將綠意盎然，其案例在世界各地可謂不勝枚舉。此即為歐美各國倡導之 PGR 工法，其中 PGR 乃 Plantable Geosynthetic Reinforced 之簡稱，工程界亦有人以「邊坡復綠」稱之。以圖 3-1 所示之路側邊坡為例，其景觀不佳，植栽稀疏，在經過整地修坡之後，或可利用結構生態袋輔以植生手段徹底改善當地之地貌與景觀。

圖 3-1　原植栽不良之緩坡可考慮以結構生態袋改善其地貌

　　吾人亦必須強調，邊坡植生綠化之方法甚多，惟依需求之綠化程度與植栽種類，結構生態袋沿緩坡堆疊之工法或可為選項之一。蓋以結構生態袋堆疊之施工方法簡易，且內填之厚實土壤可提供植栽選擇之多樣化。圖 3-2 所示乃是道路原邊坡，部分有生態袋植生，部分保留原狀之比較圖。

圖 3-2　部分有生態袋植生，部分保留邊坡原狀之比較【2】

　　以結構生態袋工法進行原地貌改造時，亦應有詳實之景觀、植栽計畫，且一段時日之後，植生表面必須能夠完全覆蓋結構生態袋。

3.3　創造新地形

　　人類所見之地表並非處處平坦，或高或低，或陡坡或緩坡，有可利

用且具經濟價值者，亦有無法利用者。如是之故，為了達到土地可使用之目的，利用挖土、填土整地創造全新地形必不可免。由於結構生態袋具保土功能，其可吸納異地而來之土石方或細石料，故吾人可依實際之需，針對原具有坡度或不平整之區域，將結構生態袋裝填合適之土料，而後堆砌而上創造全新地形，增加可利用之土地空間與土地價值。

3.3.1 園林工藝

園林工藝泛指與庭園景觀、植栽造景、綠美化相關之工程措施。圖3-3 所示即為典型之例，屋後原地形具斜坡狀，植生不易且無法正常使用。此時可利用結構生態袋內裝填土堆砌而成類似圍牆，然後在圍牆內部填土整平壓實，則此屋後又產生一完全嶄新之平整土地，可植栽綠美化，日後房屋擴建亦屬可行，經濟價值明顯提升。

由圖 3-3 之例，吾人可清楚看出，結構生態袋可裝填異地而來之土石，將其堆砌成牆體，其可取代傳統剛性鋼筋混凝土結構，無排洩水之疑慮，符合節能減碳之環保理念，且對景觀視覺之衝擊亦較小。尤其當結構生態袋表面之植栽長成後，其對當地景觀綠美化之正面效益必更突出。

圖 3-3　以結構生態袋築牆創造地形應用例【1】

3.3.2　河堤護岸

　　圖 3-4 所示乃傳統之剛性溝渠護堤，其係以鋼筋混凝土砌築而成，阻絕水流與地下水層之交流互通，故溝渠中之水質易變質甚至發臭。近年來，此種對生態環境極不友善之構築方式已引起大眾之詬病。

圖 3-4　傳統鋼筋混凝土之剛性河堤護岸

　　各型溪流、河川、排水或灌溉之溝圳護岸有沖蝕（Erosion）崩塌
者，以結構生態袋構築之護岸可謂至為經濟實用，且符合環保生態理
念。此類型之工作型態通常可歸類為 Riverbank Erosion Repair 與 River-
bank Restoration。圖 3-5 至圖 3-7 所示皆為典型之例。此種類型之應用在
世界各國可謂不可勝數，且成效普獲肯定。

　　吾人在此亦必須強調，以結構生態袋構築護堤或護岸，其固然符合
生態理念，惟力學計算與水理分析亦不可忽略，尤其是河川線形曲折度
大、坡降甚陡或流速甚急者更應有詳實分析方可。

(a) 原受損河岸　　　　　(b) 結構生態袋築岸

(c) 完工後狀況

圖 3-5　以結構生態袋構築護岸——美國【6】

(a) 施工中　　　　　　　(b) 完工後

圖 3-6　灌溉溝渠以結構生態袋作為護岸—台灣花蓮【5】

(a) 施工前   (b) 施工後

(c) 完工後

圖 3-7　以結構生態袋堆疊築成之河川護岸──加拿大 BC 省【6】

　　除了河川、溪流與溝渠之外，陸地中之天然或人工湖泊及人工濕
地（Wet Land）護岸亦可考量以結構生態袋堆築為之，除可穩定湖岸之

外，亦可配合植生而達到環保生態、豐富生物多樣性與淨水減污之理
念。此種應用已在世界各國廣泛採用，捨棄傳統鋼筋混凝土而改以加勁
土壤作為護岸，其生態效益將非常顯著。圖 3-8 所示即為典型之例。

(a) 施工前　　　　　　　　　　　　(b) 施工後

(c) 完工後

圖 3-8　北京順義野生動物園內之人工湖泊【5】

　　捨棄傳統之鋼筋水泥護岸，圖 3-9 所示亦是利用結構生態袋堆疊而
成之內陸湖泊水路護岸，此乃近年來生態工程界對水文保護之常用工
法。

圖 3-9 內陸湖泊水路生態護岸——廣州市番禺區蓮花山【5】

　　內陸湖泊護岸與溪流護堤亦可以蛇籠或石籠（Gabion）為之，如圖 3-10 所示。惟持平而論，石籠之透水性甚大，可提供小型兩棲類動物棲息繁殖之空間，符合生態、生物多樣性之理念，然其植生綠美化之效果未若結構生態袋護堤佳，且當水位低時，則石籠轉趨乾燥，其涵養動植物之功能微乎其微。

圖 3-10　以石籠築成之溪流護堤【7】

　　以石籠作為河川護岸之成功案例甚多，惟多侷限於流速甚緩之短小溪流，圖 3-11 所示則是以石籠作為大型河川河堤護岸之失敗例，其主要原因乃是由於石籠先天之孔隙甚大，且該河川流速甚大，水流一旦入滲，則石籠後方之護岸土壤便易流失而潰堤。

圖 3-11　石籠作為河流護岸之失敗例

3.3.3 隔音土堤

以結構生態袋堆疊成梯形狀之土堤可作為鐵路、公路穿越住宅區鄰近之隔音土堤，除具有絕佳之隔音、吸音效果，亦可增加鄰近社區之隱密性，並可綠美化景觀。瑞士 St.Gallen 地區公路採用加勁土壤填築而成之隔音土堤，如圖 3-12 所示即為典型之例。當然，吾人亦必須了解，隔音土堤所須之土地面積須列入重點考量，土地資源較少之處或須再三斟酌為之。

圖 3-12　瑞士 St.Gallen 附近以加勁土堤作為隔音牆【4】

3.3.4 防落石土堤

落石是山區道路經常面臨之災害之一，加勁擋土結構中之土壤材料具有柔性，當山區落石（Rock Fall）來襲之瞬間有吸收大量衝擊能量之效果，適合作為谷地與山區道路陡坡旁之防落石設施，圖 3-13 所示即為

典型之例。陡坡上之植栽、地質情況不同,其災害程度亦有異。依落石之質量而異,防落石之可行方法甚多,故欲以加勁擋土結構作為防落石設施時須評估其可行性,例如台灣地區之山區道路均屬狹窄型,其路權寬度有限,可能無法以佔地甚寬之加勁擋土結構為之。

相片來源:ecotrends-international.com

圖 3-13　以加勁擋土結構作為落石防護措施

對於表層破碎且節理複雜之高度風化岩坡,傳統之整治工法,例如掛網植生、地錨、噴漿等,對於落石之防堵效用可能未臻理想,故如何避免落石危害,實為有效治理之首要考量。圖 3-14、3-15 所示即為利用加勁土堤或加勁擋土牆作為圍阻岩坡落石之圍阻體,藉由地工合成材料加勁土體之柔性吸能特性,可以有效吸收落石之撞擊能量。相較於傳統重力式擋土結構,其圍阻落石之能力明顯較佳,且應用地工加勁土堤或擋土構造進行防堵落石,其優點在於構造修復容易且耐震能力優異,適

用於常發生崩坍、落石之地質鬆軟地區或大型機械不易到達之山區【3】。

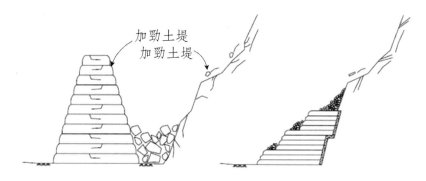

圖 3-14 土石圍堵屏障示意圖【3】

圖 3-15 加勁擋土結構土石圍堵屏障完工情況【3】

近十餘年來，土石流災害在世界各國頻傳，即使在非常注重生態保

育之國家亦是如此，有人將其歸咎於地球暖化後造成之氣候極端變化，瞬間暴雨量時常創新記錄。有鑒於此，防落石土堤之概念亦已提升至與防範土石流災害結合之境界，圖 3-16 所示即為典型之例，依防護程度之不同，加勁土堤之尺寸亦明顯不同，大者可至數十公尺厚，數百公尺長。

圖 3-16　兼具防落石與阻擋土石流之加勁土堤【8】

為了驗証加勁土堤之吸能功效，廣東省東莞市金字塔綠色科技公司曾進行結構生態袋堆疊土體之實際吸能試驗，如圖 3-17 所示，落石重量 8800 公斤，速度每小時 100 公里，土堤吸附之能量相當於 4500 千焦耳之能量【2】。

相片來源：廣東省東莞市金字塔綠色科技有限公司

圖 3-17 生態袋加勁結構系統耐衝擊力測試【2】

圖 3-18 所示則是圖 3-17 加勁土堤結構（生態袋＋地工格網）之落石撞擊時之有限元素分析（Finite Element Analysis）模型【2】。

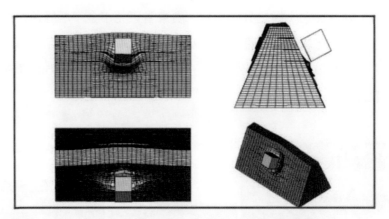

相片來源：廣東省東莞市金字塔綠色科技有限公司

圖 3-18　加勁土堤耐衝擊力測試之有限元素分析模型【2】

　　防落石土堤亦有人以「石籠」（Gabion）為之，圖 3-19 所示乃典型之例，其防落石之功能無庸置疑，亦可視為另類之景觀，惟包覆石籠之鋼絲網易因巨石撞擊而斷裂，或因長期使用而銹蝕。如為了防蝕，鋼絲固可加以熱浸鍍鋅（Hot Dip Galvanizing）處理，然經費必將上揚。

圖 3-19　以石籠作為落石防護之例【7】

3.3.5　全填方路堤

　　受限於土地形態與為了運輸路線之線形（Alignment）具連續性，完全填方式之路堤（Fully Filled Roadway Embankment）常出現在公路與軌道建設中。圖 3-20 所示即是典型完全填方式之公路路堤橫斷面圖，坡面以地工格網回包（Wrapped around）結構生態袋，其構造型式如同加勁護坡（Reinforced Soil Slopes, RSS），其坡度角可大於 45°（通常介於 45° ～ 70° 之間），則所須用地面積便可大幅縮減，節省土地成本，間接降低工程建造經費。

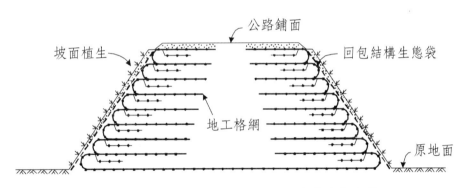

圖 3-20　典型回包結構生態袋式加勁護坡之路堤

　　土地資源受侷限之處，採用高仰角（45° ～ 70° 之間）之加勁護坡除了符合環保生態之外，其與傳統填方路堤比較亦可節省大量之土地面積。以圖 3-21 所示之公路路堤邊坡為例，如以 2：1（水平：垂直）或 3：1 之坡度為之，不須加勁處理即可達到邊坡穩定之目的，惟其所需之土方量與土地面積均比坡度 1：1 者大許多。故設計者應有整體性思維，結構穩定固然重要，然土地資源與工程建設費用亦不可忽略之。

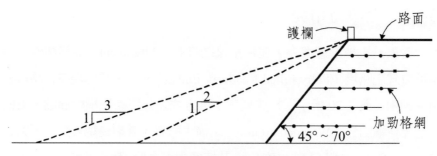

圖 3-21 不同坡度之填方路堤【9-11】

　　近十餘年來，隨著環境永續、生態工程、節能減碳概念之普及，以純填方輔以地工合成材之加勁護坡型路堤亦已漸漸受青睞。圖 3-22 所示即為典型之例，其位於美國阿肯色（Arkansas）州 16 號公路通過 Cannon Creek 之處，路堤高度為 75ft（23m），總填方量為 77,000m3。

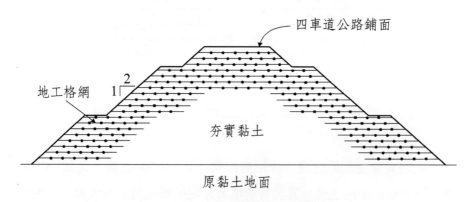

圖 3-22 美國阿肯色州 16 公路，Cannon Creek【14】

3.3.6 軍事用途

　　如前述之言，以結構生態袋築成之土堤式結構具有絕佳之吸能

（Enengy Absorbsion）功效，其在國防與軍事上亦有甚多之適用範圍。舉凡，軍事彈藥庫、有毒氣體或化學物儲藏室與爆破試驗場等處所，為免其發生意外事故，而造成嚴重之生命與財產損失，其周圍常需要建造防爆堤或防爆牆。此種防護措施不僅可以阻擋爆裂物在水平方向之衝擊（Impact, Explosion），吸收其衝擊能量，還可防止爆裂物之殘片及火焰四處飛竄，其示意如圖 3-23 所示【12】。此概念可沿用至所有臨時性與長期性軍事防護設施，例如碉堡、停機堡、傘兵坑及步兵長坑外之護堤等。

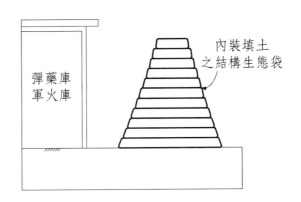

圖 3-23　加勁防爆牆示意圖（改繪自文獻【12】）

　　尤其重要者，某些用於結構生態袋之材質，如通過合格之認證與試驗，例如 PP（聚丙烯），其亦具有阻絕輻射、隔離衛星偵測與雷達波之功能。

3.4　改造原地形

　　改造原地形意指為了土地之更有效多元利用，利用半挖半填而改造原地形，以達到土地有效利用之目標。圖 3-24 所示為典型之陸路運輸路線橫斷面，其中圖 3-24(a)、(b) 分別為全填方路堤與全挖方路塹之情況，而圖 3-24(c) 則是本節所指之改造原地形，橫斷面中有部分挖方、部分填方，意即將原地形進行改造以達到有效利用土地之目的。

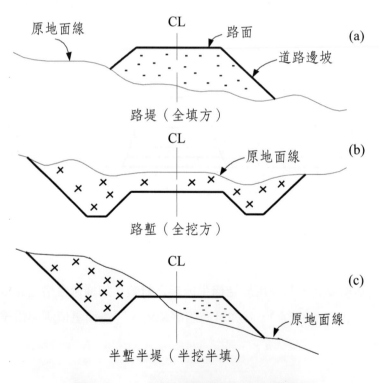

圖 3-24　土方與陸路運輸路線之橫斷面

　　改造地形以符合吾人之需時，擋土結構可能是單階或多階，如圖

3-25 與圖 3-26 所示，通常高度較低者（例如 5 或 6m 以下）可以單階處理，如高度甚大者，則以多階處理較為合適，以保證其結構穩定性。

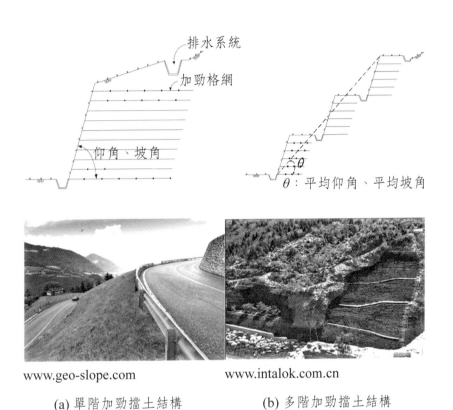

www.geo-slope.com　　　　　www.intalok.com.cn

(a) 單階加勁擋土結構　　　　(b) 多階加勁擋土結構

圖 3-25　單階與多階加勁擋土結構

圖 3-26　多階加勁擋土結構【11】

　　由傳統土壤力學之理論可知，無凝聚性土壤顆粒不經人工壓實，自然落下所堆積而成之斜面傾角，稱為安息角（Angle of Repose），故以 1：1（即仰角 45°，一般土壤之安息角，即自然呈現穩定之角度，如圖 3-27 所示。）之坡面為準，針對一般之土壤而言，則「自立式生態結構」之適用性甚高。在排水設計完備之前提下，結構生態袋可依地勢堆疊之。如更具體言之，原 45 度之斜面已呈穩定之勢，則以結構生態袋依勢而堆疊之，其亦應呈穩定之姿，遑論仰角小於 45° 者。

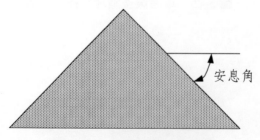

安息角

圖 3-27　土壤安息角示意圖

　　描述至此，同時結合工程實務應用與理論研究【10，11】，依仰角而言，擋土結構之初步設計思維可區分為三大類，即：

- 仰角 ≤ 45°，則思考以「自立式生態結構」為之
- 45° ＜仰角＜ 70°，則依「加勁護坡（RSS）」設計
- 仰角 ≥ 70°，則須以「加勁擋土牆（MSEW）」處理

　　吾人必須再次強調，自立式生態結構係以堆疊工法為主體，然單純堆疊之結構生態袋並不足以保證工址處之護坡穩定，易言之，即使仰角小於 45°，吾人亦必須先行確認工址處無中層、深層滑動崩塌（詳見第四章），且工址處無順向坡滑動與地下水脈之疑慮時，方可考量以自立式生態結構為之。如更清楚言之，任何以結構生態袋構築之各式工程，其背後仍應根基於地質學、土壤力學、結構力學等科學理論。

　　如係填方工程，且其仰角介於 45° 與 70° 之間，則規劃設計者可優先考量以加勁護坡為之。如仰角大於 70° 者，則設計者應將設計理念由「護坡」轉為「擋土牆」，配合加勁格網而成加勁擋土牆（Mechanically Stabilized Earth Wall, MSEW）。

　　綜合前述，結構生態袋之各應用工法與仰角之關係可約略表示如圖 3-28 所示。其重要之仰角參考點為 45° 與 70°，凡仰角大於 45°，且須填方者，則地工格網（Geogrid）之必要性愈高。反之，仰角愈小，或土質愈堅硬之處，則地工格網之必要性便愈低。當然，45° 與 70° 之仰角之主要目的僅供規劃設計時有明確之參考角度，任何工法欲具體可行必須有嚴謹之力學分析驗證方可。

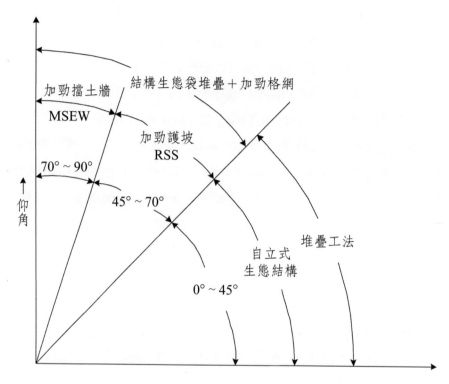

圖 3-28　仰角與結構生態袋工法應用之初步設計對照圖

3.5　工法應用分類

　　土地是延續人類傳承不可或缺之資源，人類對土地之利用程度反映至人類文明之發展，唯世間無絕美之事，有得必有失，文明進步、經濟發展必同時造成對土地資源之直接破壞，例如不當之墾植與開發造成大規模之水土流失、沙漠化與土壤汙染等皆屬之。

　　著名之科學家 Lowdermilk【13】於 1953 年之著作「征服土地七千

年（Conquest of the Land through Seven Thousand Years）」中曾明白指出，由於人類不善用土地資源，造成土壤流失，農業生產力下降，環境劣化而導致十一個古帝國之滅亡及一百個城市之消失。在中東地區的幼發拉底河及底格里斯河之間有一個地方叫美索不達米亞（Mesopotamia，即兩河之間之意），於西元前六世紀，巴比倫王尼布甲尼撒主政時期，該地區約有兩千五百萬人，以農耕為主；然而，如今該處僅剩約四百萬人，且以游牧為生。此為何故？蓋因未與大地共存共榮，致使土壤漸貧瘠，無耕種之價值。

今昔對照，益發令人深省。現今世界四大穀物輸出國為美國、加拿大、澳大利亞與法國，皆為歷史文明較短且地廣人稀的國家。吾人可以想像如果這些國家不善用土地資源，重蹈古人之覆轍，長期而言，勢將造成全球糧食供應之短缺，多處必有饑荒。

結構生態袋可應用至甚多工法，其亦可配合加勁格網而應用至傳統之加勁擋土牆（MSEW）與加勁護坡（RSS），圖 3-29 所示即是典型加勁格網回包結構生態袋之加勁護坡施工流程圖。尤應注意者，堆疊工法（詳見本書第五章）與長袋工法（詳見本書第六章）可依地形之需而綜合使用，當相鄰兩結構生態袋之間除連結扣之外，再輔以黏合劑（Adhesives），則此結構生態擋土結構之強度將遠勝於傳統之 MSEW 與 RSS。

本書所探討之結構生態袋對土地資源之維護，例如防止表土沖蝕漫流，遏止沙漠化惡化等皆有正面助益。延續前述章節，吾人可將「結構生態擋土工法」之分類表示如圖 3-30 所示。讀者如靜閱之，必當更了解其精義。

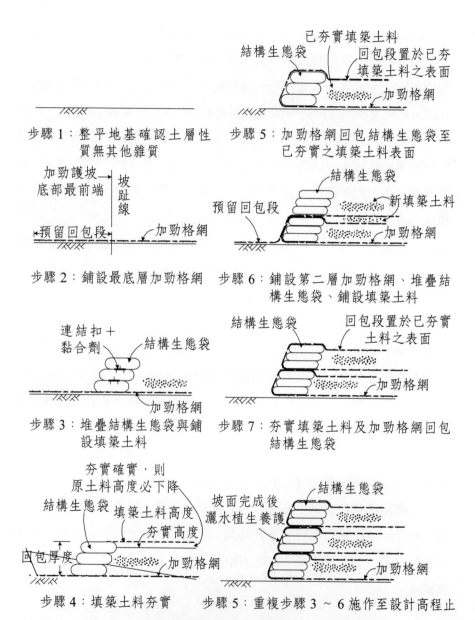

步驟1：整平地基確認土層性質無其他雜質

步驟2：鋪設最底層加勁格網

步驟3：堆疊結構生態袋與鋪設填築土料

步驟4：填築土料夯實

步驟5：加勁格網回包結構生態袋至已夯實之填築土料表面

步驟6：鋪設第二層加勁格網、堆疊結構生態袋、鋪設填築土料

步驟7：夯實填築土料及加勁格網回包結構生態袋

步驟5：重複步驟3～6施作至設計高程止

圖3-29　回包結構生態式加勁護坡施工步驟示意圖

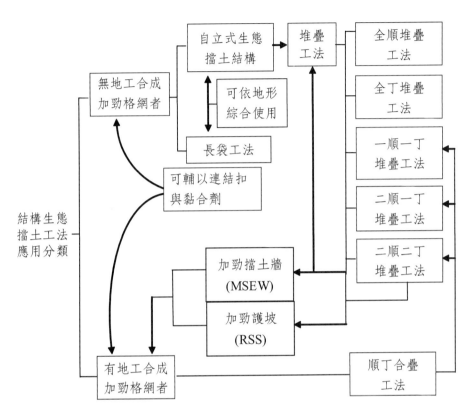

註：1. 長袋工法請詳閱本書第六章
　　2. 依工址狀況而異，堆疊工法亦可能需要鋪設加勁格網

圖 3-30　結構生態擋土工法分類圖

參考文獻

1. www.flicker.com/photos/deltalock/

2. http://forum.eedu.org.cn/

3. 交通部（2008），「加勁擋土牆結構應用於交通土木工程規範草案之研究」，財團法人台灣營建研究院（著者：李維峰、廖振程、黃奉琦）。

4. 2006 生態工程博覽會論文集，「道路邊坡及崩塌整治研討會論文集」，交通部公路總局、行政院公共工程委員會，2006 年 10 月 13 日。

5. 東莞金字塔綠色科技有限公司：http://www.intalok.com.cn

6. http://www.deltalokusa.com

7. http://www.sciencenet.cn

8. http://www.proteng.co.jp

9. 徐耀賜，「公路工程——理論與實務」，第三版，國彰出版社，台中市，2002 年 12 月。

10. Mchanically Stabilized Earth Walls and Reinforced Soil Slope Design & Construction Guidelines", FHWA (Federal Highway Administration), Pub. No. FHWA-NHI-00-043, 2001.

11. Feder Highway Administration，Pub. No. FHWA-NHI-10-024，"Design and Construction of Mechanically Stabilized Earth Walls and Reinforced Soil Slopes", Washington, D.C., USA, Nov., 2009.

12. 周南山等（1996），「高速鐵路加勁擋土結構之研究（期末報告）」，交通部高速鐵路工程籌備處（1996）。

13. W. C. Lowdermilk, "Conquest of the land through seven thousand years", http://en.scientificcommons.org

14. 徐耀賜，張宇順，「結構生態擋土工法」，台灣營建研究院，2011 年 1 月，ISBN 978-986-7194-05-3。

參考資訊

氣候變遷的意義

　　氣候變遷是大氣圈、水圈、冰雪圈、岩石圈、以及生物圈等五大氣候子系統交互作用下的結果。近年來隨著人口快速增加、科技突飛猛進，人類對環境的影響不斷加速且擴大，造成森林縮小、土壤流失、水污染、空氣污染、沙漠化等現象，加速了全球氣候變遷。在全球化的趨勢下，台灣地區自然也無法免於受到此變遷的影響。

Chapter 4

自立式生態結構

4.1 前　言

如前述第三章所述，所謂「自立式生態結構」意指以結構生態袋依所需堆砌而上，不需額外之加勁材（例如地工格網，Geogrid），本身即可自立而達到設計所需之功能。例如當坡面仰角小於 45 度，且原斜坡面本身無坍滑之虞，以結構生態袋依地勢自然堆砌而上便可形成保護原坡面之柔性生態結構。當然，吾人必須強調，自立式生態結構之安全性及穩定性與結構生態袋本身之材質組成、堆砌、連結及黏合方式皆有關。

4.2 適用性確認

影響邊坡穩定與土質穩定之因素繁多且複雜，因此，邊坡可能發生之崩坍行為，有時甚難掌握，可能是表層沖蝕、淺層破壞、中層坍塌，甚至於是深層滑動崩壞。由於多數影響因子（Influence Factors）隨時間而改變，因此，選擇適當之邊坡穩定工法需符合現場條件考量，如安全性、施工性、耐久性、維護性、經濟性及景觀性等等。圖 4-1 所示即是傳統邊坡之坡面淺層、中層與深層破壞或滑動之示意圖。

如前述第三章，自立式生態擋土結構之適用範圍可謂非常廣泛。坡度緩、高度低、外在荷重輕者尤為合適。其施工簡易，工程經費低，且符合生態環保、節能減碳、綠革新（Green Innovation）之永續發展理念。

任何工法，無論如何簡易亦應確認其適用性，茲以圖 4-1 所示之情況，於淺層滑動破壞發生後，如確定不至於再有更深入之中、深層崩坍之前提下，且坡度仰角小於 45° 者，則吾人便可採自立式生態擋土結構之方式快速修繕之。

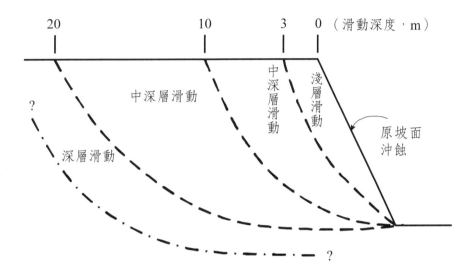

20　　　　　　10　　　3　0 （滑動深度，m）

中深層滑動

中深層滑動

淺層滑動

原坡面沖蝕

？

深層滑動

？

圖 4-1　邊坡滑動與深度之關係

　　圖 4-2 所示即是典型之自立式生態擋土結構，在確定原坡面無坍滑潛勢之前提下，吾人便可以結構生態袋依坡勢堆疊而上。當然，原坡面之整地修平與雜物清除亦不可忽略。

　　由圖 4-2 亦可清楚看出，為了自立式生態擋土結構基底處之平整，在某些情況或須修築小型之傳統鋼筋混凝土結構或礫石基礎作為襯底。

圖 4-2　典型之自立式生態擋土結構

　　地表上之地形變化多端，有些工址處地形坡角可能大於 45°，且地質堅硬，即使遇水亦無坍滑之虞。此時，為了改造現有地貌，減少表土風化，增加植被密度與植生種類，則吾人亦可採自立式生態擋土結構為之，圖 4-3 所示即是典型之例。

相片來源：http://www.intalok.com.cn

圖 4-3　地質情況許可、高仰角工址之自立式生態擋土結構

由圖 4-3 亦可清楚看出，坡面仰角非判定自立式生態擋土結構是否可行之唯一準則，工址處之地質狀況亦須列入考量。

自立式生態擋土結構經詳實穩定分析結果若無法達到安全標準，設計者便可依工址情況，思考結合地工格網（Geogrid）、土釘（Soil Nailing）、錨杆（Anchors）或加厚堆疊結構生態袋等方式來增加其整體穩定性。

4.3 重要觀念

工程實務上，結構生態袋之應用範圍實非常廣泛，然為避免讀者誤用、濫用，針對筆者對結構生態袋之長期研究見解與實務經驗，在此列出以下數點供讀者參考：

1. 對緩坡而言，仰角小於 45° 者，在無地質隱患之前提下，規劃設計者可優先考量自立式生態擋土結構。

2. 由美國聯邦高速公路總署（Federal Highway Administration, FHWA）之研究【3，4】，當斜坡仰角介於 45° ～ 70° 之間時，規劃設計者應優先思考加勁護坡（RSS）之可行性，且此系統應較適用於填方工程，加勁材則是以地工格網（Geogrid）為主。

3. 當填方式擋土護坡仰角大於 70° 時，設計思維須由「護坡」轉化為「擋土牆」，牆愈高，則側向土壓力必愈大，排水設計須更嚴謹，設計時所需之安全係數愈須充份掌握，故務須依據嚴密之結構、土壤力學理論，詳實分析。此時之擋土牆則為前述提及之加勁擋土牆（MSEW）。

4. 有茂密之植生方可突顯結構生態袋之生態功能，故結構生態袋之內裝填土必須有一定程度之基肥與植物種籽方可滋養植物。一般而言，每立方公尺之內裝填土中宜含有 15 ～ 20 公斤之基肥，且砂之含量宜至

少 30% 左右,以利水流之暢通。當植生成功後,其植物根系必能有效增加結構生態袋中內裝填土之抗剪強度,進而提高結構生態袋系統之整體抗滑、抗剪強度與穩定性,其示意如圖 4-4 所示,植物根系具保土功能,此亦是加勁土壤之理念。

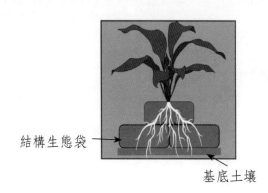

結構生態袋

基底土壤

圖 4-4　植栽根系功能示意圖

植栽種類繁多,深根性喬木之抓地性遠比淺根性之灌木與草本植物佳,故設計時尤應注意,針對有中層、深層崩坍可能之護坡而言,淺根性之植栽可能無法達到根系抓地之水土保持功能。

5. 在相鄰兩結構生態袋介面之間加入連接扣時,連接扣須刺入結構生態袋內某深度,惟傳統之連接扣,如圖 4-5 所示即為美國、加拿大地區 Deltalok System【5】之標準連接扣,其尖凸之處雖利於刺入生態袋,惟此種最早期型式之連接扣常因側向土壓力而致生態袋發生相對變位而造成脫開現象,其示意如圖 4-6 所示,降低原設計三角受力單元(參考前述圖 1-2)之功能。

圖 4-5　最早期（第一代）之連接扣【5】

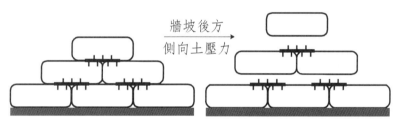

圖 4-6　連接扣脫開示意圖

為了改進 Deltalok System 發展之第一代連接扣之缺失，廣東省東莞金字塔公司（Intalok）遂將其稍加改進，刺尖後方皆有倒鉤，如此便可保證刺尖刺入生態袋後不致於有脫開之現象發生，其示意如圖 4-7 所示。

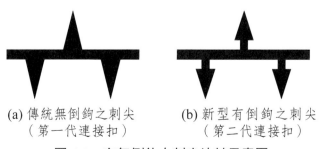

(a) 傳統無倒鉤之刺尖　　(b) 新型有倒鉤之刺尖
　　（第一代連接扣）　　　　（第二代連接扣）
圖 4-7　有無倒鉤之刺尖比較示意圖

圖 4-8 所示則是廣東深圳市計量質量檢測研究院針對上述兩種連接扣進行實際拉力量測，由圖 4-8 可清楚看出，針對完全無連接扣之防洪牆體，約 130 磅之拉力便可將生態袋由堆疊之牆體中拉出。如採用第一代連接扣（簡稱標準扣，無倒鉤），則須 480 磅之拉力方可將生態袋拉出。

圖 4-8 第一代連接扣對牆體穩定性之測試比較【2】

如將有倒鉤之第二代連接扣取代傳統第一代連接扣，則須 3945N（約 888 磅）方可將生態袋由牆體中拉出，其測試報告如圖 4-9 所示。

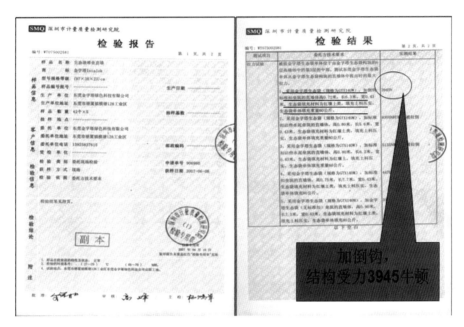

圖 4-9　有倒鉤連接扣之生態袋牆體受力測試報告【2】

6. 由結構力學之理論觀之，為提升三角受力單元（參考前述圖 1-2）之受力功能，兩結構生態袋之間除了有倒鉤之連接扣之外，如能在兩結構生態袋之接觸面塗抹黏合劑（Adhesives，亦稱黏結劑），則此三角受力單元之結構功能將可明顯增加，其示意如圖 4-10 所示。黏合劑之主要功用在於緊密接合相鄰兩生態袋與袋之接觸面而提供高抗剪能力，避免三角受力單元破壞，此舉可使往高度方向堆疊之結構生態擋土結構適用高度明顯提升許多。

以往工程界人士最常使用既簡易且便宜之黏合劑為比例 1：3（甚至 1：1）之水泥砂漿，其確可黏著相鄰兩結構生態袋，惟因水泥砂漿硬固後極易因受壓而碎裂，其有效黏著效果易遭議有折扣之嫌。以水泥砂漿作為黏結劑在工程界已有甚多實例，其效果究竟如何，此乃見仁見智之

問題。惟無論如何，從結構穩定與安全性之角度而言，設計者應慎選真
正可以長期性充分黏著相鄰兩結構生態袋，且不會改變結構生態袋原具
有特性之粘合劑。理論言之，可適用於結構生態袋之黏合劑種類甚多，
惟施工時應確認黏合劑是否適量塗抹於兩生態袋之間，然後再確認其黏
合效果是否優良。

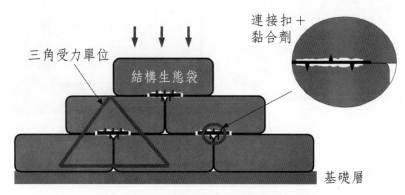

(a) 無地工格網

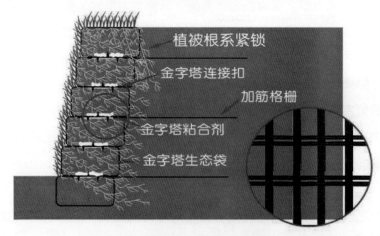

註：加筋格網＝加勁格網＝地土格網＝土工格柵

(b) 有地工格網回包

圖 4-10　同時具倒鉤之連接扣與黏合劑之三角受力單元【2，8】

　　描述至此，吾人擬再一次強調，具倒鉤之連接扣輔以黏結劑可大幅提高結構生態袋牆體之穩定性，如圖 4-11 所示乃東莞金字塔綠色科技公司委託深圳市計量質量檢測研究院所進行之實際測試。垂直牆體由十四層結構生態袋堆疊而成，上下相鄰兩袋間皆緊連有倒鉤之連接扣，黏合劑為比例 1:1 之水泥砂漿。牆體之長寬高之尺寸分別是 11.6m、0.4m、2.3m，試驗車輛尾端之長鋼索緊綁繫於牆底第三層之袋，如圖 4-11(a) 所示。經拉力測試，直至鋼索拉力為 26700N（約 6060 磅）時，鋼索猛然斷裂，而受測試之牆體猶完好如初，故該緊綁受力之生態袋仍未被拉出，其檢驗結果報告如圖 4-11(b) 所示。

(a) 有倒鉤之連接扣輔以黏結劑之牆體抗拉強度為 6060 磅

圖 4-11　有倒鉤連接扣輔以黏合劑之結構生態袋牆體之實際抗拉實驗【2】（見下頁續）

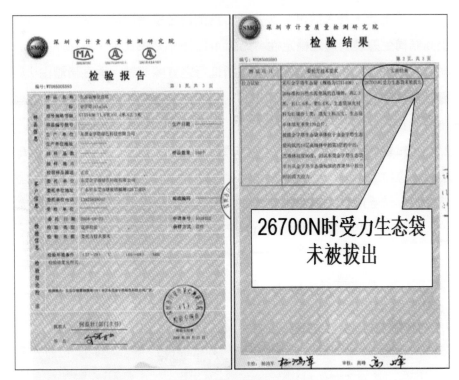

(b) 拉力測試報告

圖 4-11 有倒鉤連接扣輔以黏合劑之結構生態袋牆體之實際抗拉實驗【2】

　　吾人亦須注意，效果良好之黏合劑在其硬固後必具有充份之抗剪性能，此時連接扣之功能便不甚明顯，故工程界亦有人認為在確認黏合劑效果良好之前提下，連接扣亦可忽略。

　　前述之拉力測試值 26700N（6060 磅）乃是鋼索斷裂時之拉力值，此時位於牆體中之生態袋仍完好如初，不動如山。東莞金字塔綠色科技公司【2】為了驗證在連結鋼索不可斷裂，生態袋牆體中之單一生態袋被拉出脫落之極限拉力值，於 2011 年 7 月 20 日又再度委託深圳市計量質

量檢測研究院進行實地測試（其試驗報告編號為 WT115004108，可參考圖 4-12）。試驗牆體由 GTX140M 生態袋垂直堆疊而成，相鄰袋體中有連標準接扣輔以金字塔公司之黏合劑（專利產品），牆高 2.2m，長 11.4m，寬 0.4m。生態袋內裝填土為紅壤沙土類，填充土料夯實後，單一生態袋體之重量約 100 公斤左右。連結鋼索位於此 13 層生態袋牆體之第三層。經拉力測試，於鋼索拉力為 64750N（約 14700 磅）時，第三層生態袋方被拉出，如圖 4-12 所示。

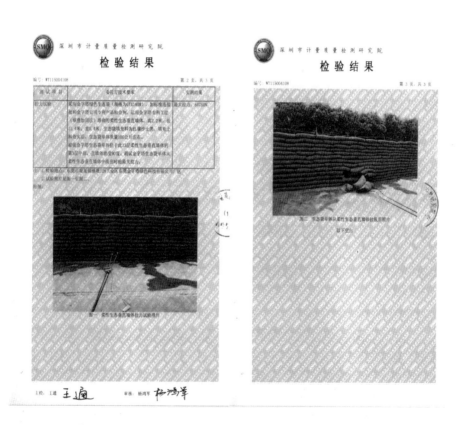

圖 4-12　生態袋牆體結構承受極限拉力測試【2】

連結鋼索斷裂時之拉力值即是牆體背後側向土壓力將生態袋推離牆體之值,由此可清楚看出,該生態袋堆疊牆體之強度甚巨。

7. 坡角愈大,則上下相鄰結構生態袋之重疊面積必然愈大,連接扣與黏合劑之使用效果愈佳。反之,坡角愈小,即坡度愈平緩時,由於上下相鄰兩生態袋之重疊接觸面較小,故連接扣與黏合劑之使用須愈謹慎方可達到結構生態坡體之穩固效果。在某些情況下,利用錨桿(例如頭部削尖之竹節鋼筋或其他替代物)使貫穿兩袋以上深度亦能發揮實質連接功用,提高相鄰袋體介面之剪力阻抗,其示意如圖 4-13 所示。

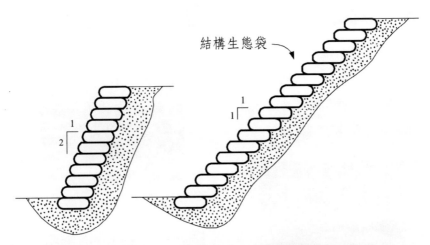

(a) 坡度大,上下袋體   (b) 坡度小,上下袋體重疊面積較小
　　重疊面積較大

圖 4-13　坡角對連接扣、黏合劑之影響示意圖

8. 對大填方工址而言,結構生態袋可配合地工合成加勁材(主要為地工格網,亦稱加筋格柵或土工格柵)構成結構生態加勁擋土系統,適用之牆坡面高度必然增加。坡高 5m 至 6m 以下者,以單階處理,坡

高甚大者則宜以多階式為之。仰角介於 450 ～ 700 之間者，以加勁護坡（RSS）設計，仰角介於 700 ～ 900 之間者，則以加勁擋土牆（MSEW）之理論設計之。

9. 經過嚴謹之邊坡穩定分析（Slope Stability Analysis）或土壤力學理論驗證之前提下，善用長袋工法（詳見本書第六章）亦可充分改善泥岩、砂岩、其他各式風化岩層等惡劣地質邊坡之穩定及綠美化要求。當考慮長期穩定時，亦可噴植原生草籽、插播灌木樹種，惟喬木則須謹慎加以衡量其可行性。

10. 平鋪草皮護坡之後期養護較困難，因為平鋪草皮易因水流而沖蝕，存活率漸低，造成表土流失、沖蝕溝等邊坡病害。反之，結構生態袋具保土功能，堆疊工法對坡度緩之表層沖蝕、淺層護坡崩塌搶修、中層崩塌復建甚為有效。長期而言，在配合植生之前提下，其對裸露地之綠美化（彩妝大地）功用甚為卓越。圖 4-14 所示即為典型之例，綠色結

圖 4-14　綠色結構生態袋護坡與三個月後之植生狀況

構生態袋之內裝填土為透水性甚佳之砂質土壤，背填透水料（層），有利於坡體之整體穩定及植生效果。各上下相鄰兩結構生態袋間，輔以有倒鉤之連結扣與黏合劑（1：1 水泥砂漿），三角受力單元必然非常穩固，其將形成一具整體連續性之保護坡面或牆面。

　　自立式生態擋土護坡之主體工作乃是結構生態袋之堆疊工法（其細節詳見本書第五章），惟設計時亦須深入考量工址處原土質特性與排水議題，例如圖 4-15 所示，原坡面表土為已極度風化之黏土，遇大雨後，一旦黏土質邊坡滲入雨水，原黏土將變成飽和水土壤（含水量 100%），瞬間失去粘結力（凝聚力），致造成該護坡滑動。故設計時必須嚴防「外水內流」，即護坡主體外宜加設截水溝，以保證外部水流不可入滲以結構生態袋為主體之護坡結構之內。

圖 4-15　自立式生態護坡失敗案例

上述圖 4-15 所示之護坡工程破壞原因可歸納為下列諸項，即：

(1) 邊坡最上方未施設截流溝，致上方流水大量滲入坡體內部。

(2) 生態袋內裝填當地之黏土，透水性低，故原設計應考量以地工格

網回包生態袋且應回填透水級配。

(3) 生態袋護坡設計時，純然依照既有邊坡地形堆置，未考慮側向滑動抵抗力，此舉甚是可議。故自立式生態擋土結構設計時絕不可忽略側向土壓力之推擠作用。

(4) 生態袋順著原邊坡方向堆疊，原邊坡未經整坡修平，生態袋堆疊後之重心甚易偏移。此外，受限於機具之搬運不易，致使壓實（夯實）不易或壓實效果不佳，袋與袋之間無連接扣件發揮結合效果（如以鋼筋、錨桿插穿兩袋，則抗剪效果更佳），且袋與袋之間未加抹粘合劑，故無法發揮黏結力。

11. 對甚高甚陡之坡面而言，為保證此坡之長期穩定，將原坡面稍加切割整坡，形成階段式邊坡（複式邊坡，階梯式邊坡），在工址地質情況容許之前提下，輔以堆疊式之「自立式生態擋土結構」，不失為兩面三刃之具體作法，如圖 4-16 與圖 4-17 所示即為典型案例。

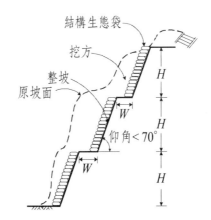

圖 4-16　階段式邊坡（複式邊坡）示意圖

相片來源：http://www.gold-joint.com/

圖 4-17 典型之複式邊坡

4.4 屋頂綠化

二十世紀下半葉，人類經歷兩次能源危機之後，社會大眾皆已清楚體認純工程技術之不可憑恃，人力不可勝天，地球資源又極其有限，當今社會亟需之解決方案，不僅是要能減低污染排放之影響，同時也要能達成生態環境保育與永續發展之目標。因此，當前所有生態科學研究與實踐全力以赴之重點是在於設計、重建一個可以服務人類生存需要，以及在資源匱乏時代中可持續維繫之生態系統。面對此時代挑戰，生態工程、環境永續之理念可謂應運而生，且在世界各國廣受重視與施行。

隨著工商業之發展與經濟能力之提升，世界各國之都市化現象日趨嚴重，人口集中都市愈趨明顯。然鑒於當前城市綠地面積之拓展空間日益受限，故發展樓頂花園、空中花園乃是節約土地、開拓都市空間、提高綠地率（亦稱綠覆蓋率）之最有效方式，此乃屋頂綠化興起之緣由。

屋頂綠化在環境與生態方面之優點【6】可歸納為下列諸項，即：

1. 減輕城市熱島效應

城市熱島效應（Heat Island Effect）是由城市與其周邊鄉村地區之間在氣溫上之差異而形成。其形成主因城市中有大量堅硬而具有反射性之表面，例如道路、屋頂，其表面吸收太陽輻射後再把熱量反射出去，使城市氣溫升高。減輕城市熱島效應對環境生態有實質助益，例如可減少灰塵、空氣中懸浮物質與煙霧的產生。利用屋頂綠化取代傳統屋頂可藉由植物之蒸騰作用與光合作用來降低屋頂上方氣溫。根據香港一個研究個案顯示【7】，將一定數量之屋頂表面用綠色植物加以覆蓋，其降溫效果可明顯減輕城市熱島效應之負面影響。

2. 減少來自屋頂之熱增量（Heat Gain）

屋頂經綠化後可阻止熱量由屋頂傳入屋內，此可減少空調系統因製冷而消耗之能源。使用密度低且較濕潤之土壤可使屋頂綠化之隔熱效果更顯著。樓層愈多，則屋頂綠化之節能效果較不明顯，蓋因多層大廈之屋頂面積與整座大廈外牆面積之比例較少。故針對較高樓層而言，為提升節能減碳效果，除了屋頂綠化之外，亦可輔以外牆之垂直綠化（註：外牆之垂直綠化亦可以「長袋工法」為之，見本書第六章詳述。）。

3. 延長屋頂材料之使用壽命

屋頂綠化可以為屋頂本身既有之防水結構提供額外之保護，屋頂綠化之多層結構是以下列方式為屋頂材料提供保護，即：

(1) 保護其不受紫外線直接輻射之影響；

(2) 緩衝氣溫升降對其造成之影響，減少因熱脹冷縮對屋頂材料造成損害。

4. 減少傳聲

屋頂綠化本身即具有絕佳之隔聲吸音效能，其可吸收、反射或發散由機器、車輛或飛機等所產生之聲波。其基層組織可阻隔低音頻聲波，而其上生長之植物則可阻隔高音頻聲波。

5. 控制雨水排放

在暴雨期間，屋頂綠化可吸收儲存大量滯流於屋頂之雨水。

6. 其他優點

除了上述優點之外，採用屋頂綠化亦可為一般昆蟲或小型動物提供棲息空間，美化環境，間接創造城市之生物多樣性。

除了柔性擋土結構之外，結構生態袋應用於平面屋頂之植栽、綠美化亦非常適合，在排水完善之前提下，此舉對降低建築物室內溫度有明顯之功效，符合節能環保之理念，圖 4-18 即為典型之例。表 4.1 所示則是其降溫效果之測試報告（2007 年），由此表亦可看出其降溫之效果甚為明顯。

表 4.1　圖 4-18 所示屋頂綠化之降溫效果測試【2】

時間段 日期	7:15			12:15			19:10		
	綠化前	綠化後	溫差	綠化前	綠化後	溫差	綠化前	綠化後	溫差
7 月 14 日	32°C	29.7°C	2.3°C	38°C	31.7°C	6.3°C	34°C	28.8°C	5.2°C
7 月 15 日	31.5°C	29°C	2.5°C	37.9°C	31.5°C	6.4°C	33.5°C	29.2°C	4.3°C
7 月 16 日	32°C	29.1°C	2.9°C	38.5°C	31.9°C	6.6°C	33.6°C	28.5°C	5.1°C
7 月 17 日	31.5°C	28.8°C	2.7°C	37.8°C	30.8°C	7°C	32°C	27.1°C	4.9°C
平均降溫	2.6°C			6.6°C			4.9°C		

(a) 施工前之準備工作

(b) 施工中

(c) 完工後初期

(b) 現況

圖 4-18　結構生態袋應用於屋頂綠美化之例【2】

參考文獻

1. 徐耀賜，「公路工程 - 理論與實務」，第三版，國彰出版社，台中市，2002 年 12 月。

2. 東莞金字塔綠色科技有限公司：http://www.intalok.com.cn

3. "Mechanically Stabilized Earth Walls And Reinforced Soil Slopes Design &

Construction Guidelines", FHWA (Federal Highway Administration), Pub. No.FHWA-NHI-00-043., 2001.

4. Federal Highway Administration, Pub. No. FHWA-NHI-10-024, "Design and Construction of Mechanically Stabilized Earth Walls and Reinforced Soil Slopes", Washington, D.C., USA, Nov., 2009.

5. www.deltalokusa.com

6. http://gbtech.emsd.gov.hk/

7. Hui, S.C.M., "Benefits and Potential Applications of Green Roof Systems in Hong Kong", Proceedings of the 2nd Megacities International Conference 2006, Dec. 1-2, 2006, Guangzhou, China, pp. 351-360.

8. 徐耀賜，張宇順，「結構生態擋土工法」，台灣營建研究院，2011 年 1 月，ISBN 978-986-7194-05-3。

Chapter 5

堆疊工法

5.1 前 言

結構生態袋堆疊工法（Stacking Construction Method）看似非常簡單，惟持平而論，此法亦有精深之設計細節與施工內涵，如更具體言之，任何細微之缺失亦可能導致堆疊工法之全然失敗，是以，採用此法時不可不慎。圖 5-1 所示即是典型之堆疊工法失敗案例。

圖 5-1 傳統袋體堆疊工法失敗案例

除前述第三、第四章所述之外，吾人宜有清楚之認知，堆疊工法非常適合處理邊坡淺層崩塌與填補表土流失，其亦可針對中層崩塌而修繕之。惟針對深層崩塌而言，設計者必須評估，蓋因所須結構生態袋之數目可能甚為可觀，施工精緻性之要求較高。

5.2　堆疊工法之分類

善用堆疊工法可改變現有畸嶇不整、凹凸不平、不便利用之地形，再輔以植生綠美化便可造就優質地貌，此與環境永續、環境保護、節能減碳之理念完全契合。

依工址地形現況與力學考量，結構生態袋堆疊工法之堆疊方式可因地制宜安排之，「順」為結構生態袋之長度沿著牆坡面之長度方向，「丁」則為「順」之垂直向，其工法分類可歸納如下：

1. 全順堆疊工法（參見 5.3 節）
2. 全丁堆疊工法（參見 5.4 節）
3. 順丁合疊工法（參見 5.5 節）
   (1) 一順一丁合疊
   (2) 二順一丁合疊
   (3) 二順二丁合疊

堆疊結構生態袋體之基礎面時，應按設計圖所標示之位置及高程將基礎面整平，將所有尖銳之突出物、植物、樹根、雜物、垃圾及其他有機物質確實清除移離基礎之表面，而任何窪地或空隙、空洞等，都必須以認可之土料填平，並夯實至與週遭之基礎土壤相同狀態。若基礎開挖面有軟弱土層應予以挖除，並回填經認可且粒徑變化不至於太大之碎石級配料（Grading Materials）或低強度混凝土。

5.3 全順堆疊工法

「順」意指沿著牆體、坡體之長度方向，故全順堆疊工法乃是將結構生態袋沿牆坡體長度方向堆疊而成之工法，其示意如圖 5-2 所示。

吾人亦須注意，各生態袋成品在出廠時通常只有長 × 寬之數值，而內裝填土後，生態袋之尺寸則有長 × 寬 × 高三種理論尺寸（嚴格而言均為大約值），且長度與寬度在內裝填土後必然較原廠尺寸小許多，至於每袋內裝填土後之高度為何，則與原袋尺寸大小有關，故規劃設計者宜事先諮詢生態袋供應商。表 5.1 所示即為典型之例。

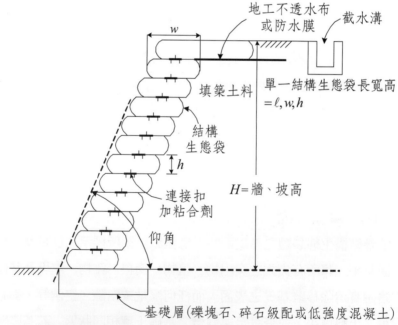

w = 結構生態袋之寬度
ℓ = 結構生態袋之長度
h = 結構生態袋內裝填土夯實後之高度或厚度

(a) 結構生態袋全順堆疊工法橫斷面圖

圖 5-2　結構生態袋全順堆疊工法（見下頁續）

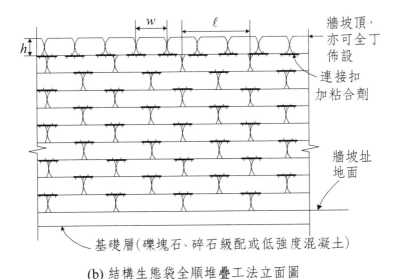

(b) 結構生態袋全順堆疊工法立面圖

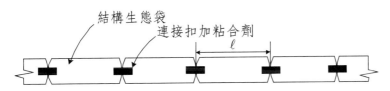

(c) 結構生態袋全順堆疊工法平面圖

圖 5-2　結構生態袋全順堆疊工法

表 5.1　結構生態袋內裝填土前後之尺寸差異例

	生態袋型號		
	GTX140S	GTX140W	GTX140M
原出廠尺寸 長×寬（mm）	970×330	810×430	1140×510
內裝填土後尺寸 長×寬×高（mm）	820×250×130	680×320×160	970×430×200
註：此表係參考廣東省東莞金字塔綠色科技公司之產品型錄。			

用於填裝結構生態袋之土料來源有兩大來源,即:(1)就地取土,(2)外地內運。持平而論,就地取土固然是最經濟、最方便之施工方式,且有免於異地汙染之優點,惟土方量體大小與土壤成份亦應深入考量。基於避免大挖大填,破壞當地環境,在某些情況下,在符合環保、經濟與安全性之前提下,外地內運或不可免。

圖 5-3 所示乃典型全順堆疊工法之案例,其袋之內裝填土皆就地取材,完工後之綠化效果非常顯著。

(a) 施工中

(b) 完工後

圖 5-3　典型全順堆疊工法例──廣州市永和開發區【1】

圖 5-4 所示亦是全順堆疊工法之案例。堤岸邊之土壤流失致使原生喬木之根莖外露，以全順堆疊工法為之，保護原樹木之生長，以生態工程之手法拯救大自然環境，此工程同時亦通過美國農業部（USDA, United States Department of Agriculture）之生態認證。

(a) 施工中   (b) 完工後

圖 5-4　以全順堆疊工法拯救環境之實例，美國【4】

對於河川、運河護岸而言，全順堆疊工法亦非常容易與傳統之剛性鋼筋混凝土結構合併使用，圖 5-5 所示即為典型之例。

(a) 雲南省盤龍江

(b) 別墅區運河，廣東省深圳

圖 5-5 結構生態袋與剛性護岸共構使用【1】

　　如欲增加牆坡體之厚度，亦可以內外雙層甚至三層全順堆疊之，例如圖 5-6 所示之河堤護岸即是三層厚度之全順堆疊工法。

圖 5-6　加厚式之全順堆疊護岸（廣東番禺區蓮花山）【1】

5.4　全丁堆疊工法

「丁」係與「順」成垂直向，由牆坡面之正向觀之，可清楚看到每一結構生態袋之寬度與高度。全丁堆疊工法之示意如圖 5-7 所示。

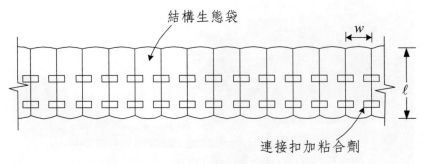

結構生態袋

連接扣加粘合劑

(a) 結構生態袋全丁堆疊工法平面圖

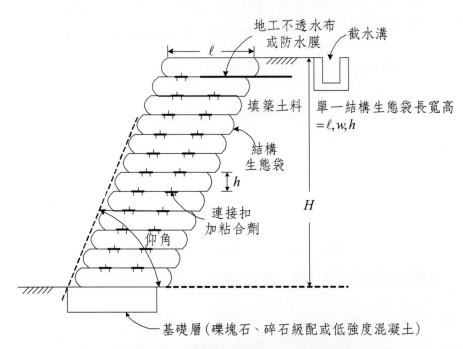

地工不透水布
或防水膜

截水溝

填築土料

單一結構生態袋長寬高
$= \ell, w, h$

結構
生態袋

連接扣
加粘合劑

仰角

基礎層 (礫塊石、碎石級配或低強度混凝土)

(b) 結構生態袋全丁堆疊工法橫斷面圖

圖 5-7　結構生態袋全丁堆疊工法 (見下頁續)

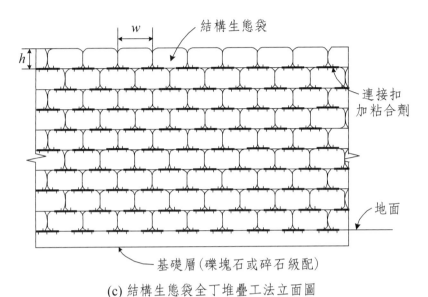

(c) 結構生態袋全丁堆疊工法立面圖

圖 5-7　結構生態袋全丁堆疊工法

　　與前述堆疊工法相較，全丁堆疊工法之堆疊深度較深，一丁之長約莫 2～3 順寬之總和，是故，全丁堆疊之袋體本身重量形成之穩定性亦較高，其示意如圖 5-8 所示。

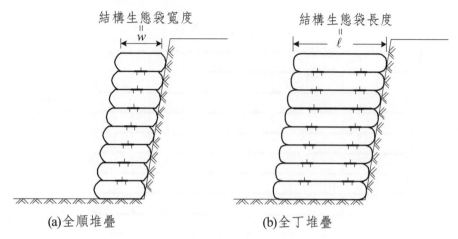

(a)全順堆疊　　　　　　　　(b)全丁堆疊

圖 5-8　全順與全丁堆疊深度比較示意

5.5　順丁合疊工法

順丁合疊，顧名思義，意指此牆、坡體中之結構生態袋由順向與丁向共同組成。基本上，依工址實際狀況所需，常見之順丁合疊工法又可靈活運用，細分為下列數種，即：

・一順一丁合疊工法（見圖 5-9）
・二順一丁合疊工法（參圖 5-10）
・二順二丁合疊工法
・下順上丁合疊工法
・下丁上順合疊工法

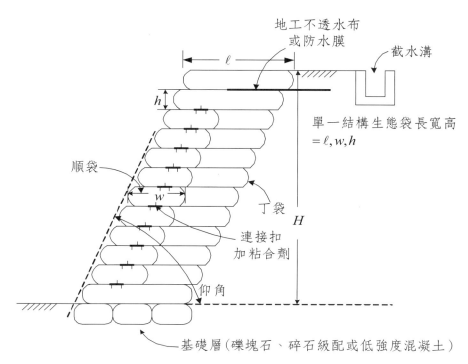

(a) 結構生態袋一順一丁堆疊工法橫斷面圖

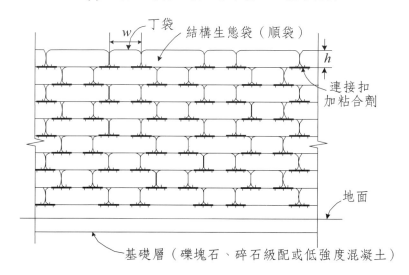

(b) 結構生態袋一順一丁堆疊工法立面圖

圖 5-9　一順一丁合疊工法示意（見下頁續）

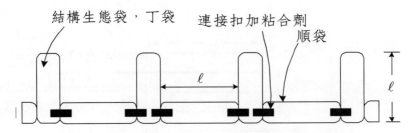

(c) 結構生態袋一順一丁堆疊工法平面配置

圖 5-9　結構生態袋一順一丁堆疊工法

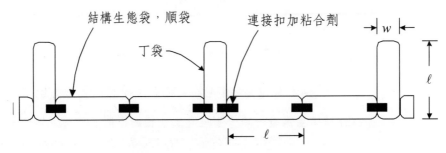

(a) 結構生態袋二順一丁堆疊工法平面配置

圖 5-10　結構生態袋二順一丁堆疊工法（見下頁續）

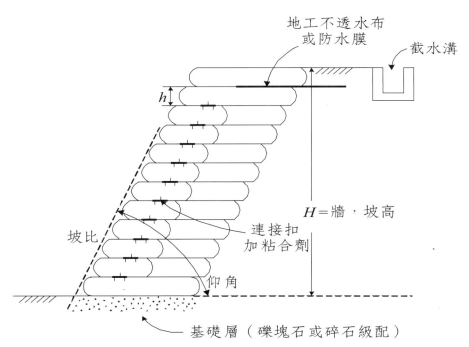

(b) 結構生態袋二順一丁堆疊工法橫斷面圖

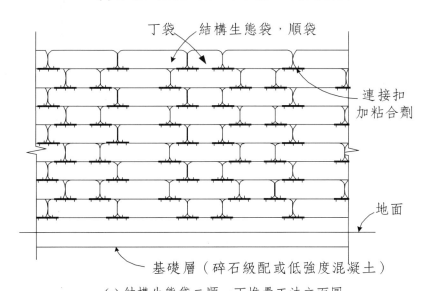

(c) 結構生態袋二順一丁堆疊工法立面圖

圖 5-10　結構生態袋二順一丁堆疊工法

　　對坡度甚緩（例如 ≦ 70° 或更緩者）、高度不高（例如低於 5 公尺）之土堤、護坡而言，以結構生態袋堆疊工法為之，完全不須額外之加勁材（例如地工格網）便可保持此護坡之穩定，針對此種結構，吾人以「自立式生態擋土結構」（Self-Standing Ecological Retaining Structures）稱之。意即只要將結構生態袋（含連接扣及黏合劑）往上方及兩側順地勢堆疊而成，便可自然形成一具有結構安全功能性之擋土結構。惟吾人須再次強調，排水設計與工址處之地質結構力學亦不可忽視。

5.6　格網回包結構生態袋

　　以堆疊工法（Stacking Method）為主體之自立式生態擋土結構之主要結構功能來自於結構生態袋、連接扣與黏合劑之共同作用，其適用對象雖廣，惟設計時亦應有結構力學、土壤力學理論驗證之。故當只用結構生態袋構築而成之擋土牆、護岸、邊坡結構不足以抵抗側向土壓力，或整體穩定有疑慮時，則需輔以地工格網（Geogrid，地工格網於中國大陸地區稱為土工格柵或加筋格柵）加勁之。

　　堆疊工法加上地工格網作為柔性生態擋土結構使用時，結構生態袋、地工格網、連接扣（或稱釘板）、黏合劑及填築土料連成一體，便可自然形成既抗壓又抗拉，且耐撞擊之複合式加勁結構體（Composite Reinforced Structures）。茲以圖 5-11 所示為例，其乃加勁護坡（Reinforced Soil Slope）之基本原理示意圖。對某既存之護坡而言，一旦土壤之抗剪能力不足，例如入滲水流過大，破壞面即可能產生而造成護坡坍滑崩落。依此邏輯思考，如加鋪適量之加勁材，則此護坡便可保持穩定。持平而論，適用於加勁擋土結構之加勁材種類甚多，惟本書所述者僅侷限於柔性牆坡體，且以地工加勁格網（Geogrid）回包結構生態袋者。

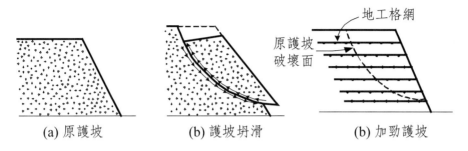

(a) 原護坡　　　　(b) 護坡坍滑　　　　(b) 加勁護坡

圖 5-11　地工格網加勁護坡基本原理示意

　　圖 5-12 所示即為地工格網回包結構生態袋之橫斷面示意圖。「回包」在工程界亦有人以「反包」稱之。回包所須結構生態袋之數目與厚度依個案需求而異。配合地工格網之垂直間距（圖 5-12 中之「t」），實務上最常見者乃回包或反包兩袋至三、四袋。

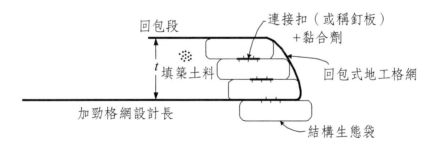

圖 5-12　地工格網回包結構生態袋橫斷面示意圖

　　圖 5-13 所示即是典型地工格網回包結構生態袋柔性擋土結構，完工後之外觀與周遭環境深入融合。

圖 5-13 地工格網回包生態袋之柔性擋土結構【2】

　　除了傳統擋土結構之外，地工合成加勁格網反包結構生態袋時，亦適用於河床護岸遇有較大水流衝擊力時，或土石流整治區域之防砂壩、潛壩、丁壩等水工結構物。圖 5-14 至圖 5-16 皆為典型之例。

(a) 施工初始

圖 5-14 湖南長沙湘江護堤【1】（見下頁續）

(b) 施工中

(c) 完工後數月

圖 5-14　湖南長沙湘江護堤【1】

(a) 施工初期　　　　　　　　　　(b) 施工中期

(c) 完工初期　　　　　　　　　　(d) 現況

圖 5-15　北京奧運鳥巢鄰側之人工湖【1】

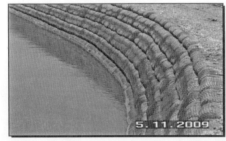 

圖 5-16　台灣宜蘭縣蘇澳港口大排雨水下水道工程【1】

依工程實務，同時參考美國聯邦高速公路總署（FHWA, Federal Highway Administration）、美國地工合成材料協會（Geosynthetic Institute,

GSI）之各研究報告，例如：

- Elias, V., Christopher, B. R., Berg, R. R. (2001), "Mechanically Stabilized Earth Walls and Reinforced Soil Slope Design and Construction Guidelines, " FHWA-NHI-00-045, March, 394 pgs.
- "Mechanically Stabilized Earth Walls And Reinforced Soil Slopes Design & Construction Guidelines", FHWA (Federal Highway Administration), Pub.No.FHWA-NHI-00-043., 2001.
- Federal Highway Administration, Pub.No.FHWA-NHI-10-024, "Design and Construction of Mechanically Stabilized Earth Walls and Reinforced Soil Slopes", Washington, D.C., USA, Nov., 2009.
- Koerner, R. M. and Koerner, G. R. (2009), "A Data Base and Analysis of Geosynthetic Reinforced Wall Failures", GRI Report #38, December 16, Geosynthetic Institute, Folsom, PA, 195 pgs.

　　針對大填方工程而言，凡仰角介於 45° ～ 70° 之間者，此擋土結構應以加勁護坡（RSS, Reinforced Soil Slopes）之理念設計，如仰角更陡，介於 70° ～ 90° 之間，則此擋土結構便應進一步以加勁擋土牆（MSEW, Mechanically Stabilized Earth Wall）設計之。加勁護坡與加勁擋土牆之內外部穩定（Internal、External Stability）破壞模式不盡然相同，惟吾人應有清楚之認知，無論是加勁擋土牆或加勁護坡結構，其基本設計理論皆是由傳統土壤力學藍欽原理（Rankine Theory）與莫爾─庫倫原理（Mohr-Couloum Theory）衍生發展而來。故設計者亦應謹慎，不論從設計或施工之觀點而言，以結構生態袋層層堆疊而上之高度不可能無限上綱，當以堆疊工法為主體之自立式擋土結構需要承受超過自身所能承受之側向土壓力時，則在柔性擋土結構與回填土（Backfill Soil）之間便必須考量加設地工合成加勁格網，且須經過詳實之結構、土壤力學計算，此舉方

可大幅提升該擋土結構之穩定性與安全性。

5.7 重要觀念

結構生態袋堆疊工法之適用範圍雖廣,且其施工技術簡易,然其失敗之例亦時有所聞。茲歸納堆疊工法設計與施工時必須特別注意之重要觀念如下:

1. 結構生態袋材質之抗 UV 特性

結構生態袋之眾多材質特性要求中,最重要且最常被忽略者乃是抗 UV（紫外線）能力,抗紫外線能力一旦不符規定,長則半年,短則二、三月便會發生袋體裂解破損之現象。

2. 相鄰袋體連結效果未發揮

相鄰結構生態袋間力量傳遞效果之良窳有賴於連接扣與黏合劑,且黏合劑之功效遠大於連接扣,尤應注意者,具倒鉤之連接扣其連接效果明顯比傳統無倒鉤者佳。故當相鄰袋體連結效果未能發揮時,原來黏成一體之大體積結構必將鬆散、變位,失去原設計功能。

3. 工法之誤用

任何工法皆有其適用性,堆疊工法亦然,圖 5-17 所示即為典型之例。該工程為河川護堤,護堤鄰河處之土質長年浸泡水中致過度鬆軟,造成堆疊袋體全然移位。

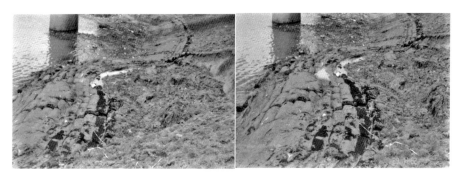

圖 5-17　工法誤用導致工程失敗之例

　　圖 5-18 所示乃山東濟寧萌山天橋生態袋護坡工程失敗之照片。其失敗原因可歸納為：

　　(1) 原裸露風化之坡地表面未經清理整坡。

　　(2) 以生態袋堆疊時，仰角愈陡、坡面愈高之情況下，一旦下方之袋體未經嚴格夯實，或堆疊排列未臻完美，則坡體下方將因上方袋體自重累積而造成全面性之擠壓（照片中下方之袋體厚度明顯較上方小）與巨量不規則變形，從而導致坡體之不穩定而全然坍塌。

　　(3) 針對此處地形，採用長袋工法（見第六章詳述）或上方採長袋工法而下方採堆疊之綜合工法方是上策。

圖 5-18 誤用工法造成之生態袋堆疊工法失敗例

4. 排水設計疏忽或不良

任何擋土結構皆然，排水設施一旦失敗，則結構體穩定性必堪憂。因排水設計不佳而導致擋土結構破壞之案例可謂屢見不鮮。誠如文獻【3】之研究結果，大部份加勁擋土結構（不論是純堆疊式之袋體結構或

是有地工格網之加勁護坡與加勁擋土牆）之過量變形均易導致擋土結構體之坍塌，而其最大主因則是肇因於毫無排水措施或是排水設計不良。圖 5-19 所示乃是典型之例，黏土質坡面外堆疊生態袋，即使植生已略有成效，惟在排水設施不佳之前提下，此堆疊護坡依然坍塌。

圖 5-19　排水設計不良造成之堆疊護坡坍塌案例

5. 袋體土料裝填計畫

　　對小規模之工程而言，結構生態袋之內裝填土或可以人工為之，一袋一袋個別裝填。然對大型擋土工程而言，所須之生態袋數目可能數千、數萬，甚至於更多，此時，人工個別裝填土壤不符規模經濟之效益，故此時應導入營建管理之觀念，制定詳實之袋體土料裝填計畫，袋體裝填後可暫屯工址處或鄰近處所。以圖 5-20 所示為例，施工廠商製作

一鐵架，其可同時裝填 25 袋。

圖 5-20　可多袋（25 袋）同時裝填土壤之鐵架【4，5】

　　圖 5-21 所示則具更精緻管理之理念，經篩選可用之土壤，調配基肥，然後集中於工廠機器中，每小時可裝填約兩百袋，袋口縫接穩妥，置於棧板上集中，暫存置放工廠空地處，待施工時再由拖板車分批運往工地。

圖 5-21　生態袋於工廠中裝填封存，分批運至工地【4，7】

6. 工法之合併使用

　　本章所述之堆疊工法與後續第六章將論述之長袋工法各有其適用性與特色，惟依工址情況而異，某些狀況下，堆疊工法亦可與長袋工法合併使用，其適用坡體高度可更突出，各施工案例與規劃、設計重點煩詳

見本書第六章。惟吾人亦應注意,當堆疊工法與長袋工法合併使用時,通常堆疊工法用於下方處,而長袋工法則用於上方。

7. 加寬式堆疊

在某些情況下,單寬式(個別結構生態袋內裝填土後之寬度)全順堆疊可能不敷牆體設計厚度,此時設計者可考量採雙寬式(甚至於三寬式、多寬式)全順堆疊或順丁合疊工法,惟從力學角度而言,順丁合疊工法較佳,對提升牆體穩定性較為有利,其示意如圖 5-22 所示。由此圖亦可清楚看出,堆疊寬度愈大,即堆疊牆體愈厚,則此牆愈具有重力式擋土牆(Gravity-Type Retaining Wall)之特色,即厚重之堆疊牆體本身即可提供高程度之穩定性。

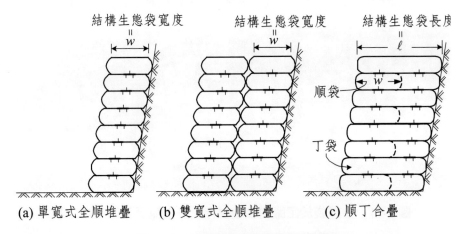

(a) 單寬式全順堆疊　　(b) 雙寬式全順堆疊　　(c) 順丁合疊

圖 5-22　加寬式堆疊比較示意圖

8. 結構生態袋之取得

現今工程實務中,施工廠商所須之結構生態袋皆是從材料供應商直接購買而得,惟設計者或須注意,各材料供應商可能僅有既定之數種尺

寸可供選擇，當所須數量甚大時必須及早確定料源無虞，以免耽誤施工期程。此外，當設計尺寸特殊時亦須諮詢材料供應商有否接受訂製，且亦應注意袋體設計尺寸對內裝填土方便性之影響。

9. 施工性考量

針對工址之個別狀況，吾人亦須將施工性列入考量，例如所採用之結構生態袋尺寸如過大，其內裝填土後之重量愈重，人工搬運愈不方便，此乃自然之理。

5.8　傾斜式堆疊工法

綜觀現今工程實務上之各種結構生態袋經內裝填土後之尺寸，其長度約在 70、80cm ～ 1m 之間，寬度約為 25cm ～ 45cm 之間，高度（或稱厚度）則約在 10cm ～ 20cm 之間。故經內裝填土後之生態袋外觀約略呈寬厚比為 2 ～ 2.5 之扁形筒狀。然持平而論，在確定有供應商可接受訂製之前提下，設計者或可依實際之需而新訂尺寸。例如稍提升長寬厚之尺寸亦無不可（在不影響內裝填土方便性之前提下，改變袋體之寬厚比），同時以傾斜式堆疊工法取代傳統之水平式堆疊（見圖 5-23 所示），此作法在工程界已有諸多先例可循，例如文獻【8，9】所載即是典型之例，如圖 5-24 所示，生態袋主體以傾斜式堆疊，其旁有翼端（Wing），後方則有尾端（Tail）。翼端之主要目的在於增加上下相鄰袋體間之摩擦力，尾端之功用則有如傳統地工格網之加勁功能（Reinforcement），尾端上下方之回填土夯實程度愈佳，則尾端之加勁作用將愈明顯。

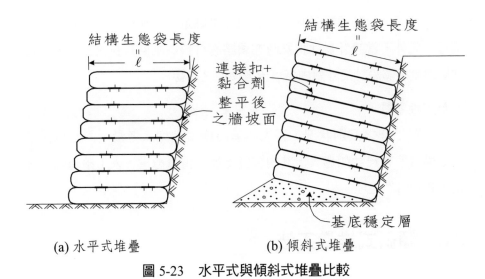

(a) 水平式堆疊　　　　　　(b) 傾斜式堆疊

圖 5-23　水平式與傾斜式堆疊比較

由圖 5-23 觀之，在所有條件均相同之前提下，傾斜式堆疊牆體之力學功能必優於水平式。尤有甚者，傾斜式堆疊牆、坡體後方如有水流，由於傾斜之故，故水流較不易將牆、坡體後方之土石經由袋體間之空隙而往前流失，此對保固原有牆坡面亦有助益。

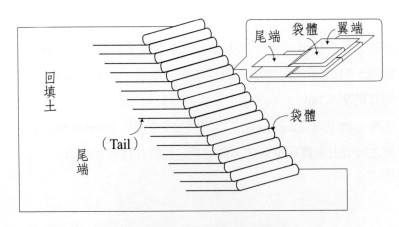

圖 5-24　有尾端、翼端之袋體傾斜堆疊工法【8，9】

前述圖 5-24 中之生態袋主體、尾端與翼端皆是聚丙烯（PP）不織布，相鄰傾斜堆疊袋體間之空隙之功用如同排水孔，惟因傾斜之故，袋體後方之回填土不至於隨著排水而外流，此亦是傾斜式堆疊工法之優點之一。

惟吾人亦應注意，圖 5-24 中袋體尾端製作可能增加生態袋體之單價，故規劃設計時亦應與加勁格網（土工格柵，Geogrid）回包結構生態袋之工法比較之，然後再作定案。

5.9　河道水流緩速

以結構生態袋堆疊工法與長袋工法（見本書第六章詳述）而築成之河堤護岸屬柔性結構，其具有吸收水流動能之功效，可明顯降低水流速率，降低沖蝕、沖刷災害造成之可能性。本書附錄所示乃廣東省東莞金字塔綠色科技公司委託中國水利部長江科學院工程質量檢測中心進行之水流檢測，由其測試報告中可清楚看出，結構生態袋之吸能與降低水流速率之功效至為明顯。圖 5-25(a) 所示即是結構生態袋於進行水流沖刷測試前之堆疊狀況，由圖 5-25(b) 亦可清楚看出，經過連續 72 小時之恒定水流沖刷測試後，原結構生態袋牆體未見絲毫之破損與變形、坍陷。

尤應強調者，此水流沖刷測試之恒定流速為針對堆疊工法（如圖 5-25）之 8.6m/sec 與針對長袋工法之 6.5m/sec。此恒定流速值已遠大於一般江河之正常流速，故此實測極具參卓之意義。

(a) 水流沖刷測試前

(b) 水流沖刷測試 72 小時後未見局部變形及坍塌

圖 5-25　結構生態袋之水流流速測試【1，11】

　　圖 5-26 所示乃此流速測試結果，由此圖可清楚看出，以結構生態袋堆疊或長袋工法作為河流護岸必有減緩流速之功能。

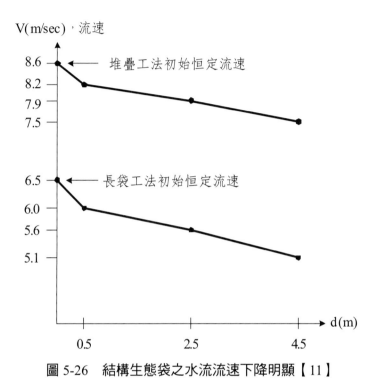

圖 5-26　結構生態袋之水流流速下降明顯【11】

　　吾人亦應有清楚之認知，圖 5-26 所示之結果只是單純靠柔性生態袋達到減緩流速之功能，而某些河流護岸可能是加勁格網回包結構生態袋，其減緩流速之功能亦應至為明顯。尤其當結構生態袋表面之植生狀況茂盛時，綿密之植物枝葉除緩衝流速之外，其亦有淨水減污之環境保育功能。

參考文獻

1. 東莞金字塔綠色科技有限公司：http://www.intalok.com.cn
2. 詮景工程股份有限公司目錄，台中市。
3. R.M. Koerner and G. R. Koerner, Geosynthetic Institute, "The Importance of Drainage Control for Geosynthetic Reinforced MSE Walls", Proceedings of the 1st International GSI-Asia Geosynthetics Conference, Nov. 16-18, 2010, Taichung, Taiwan.
4. http://www.deltalokusa.com/
5. 綠地工程顧問公司施工照片，台南市。
6. G.X. Li and C.G. Bao, "Development of Geosynthetics Technology in China", Proceedings of the 1st International GSI-Asia Geosynthetics Conference, Nov. 16-18, 2010, Taichung, Taiwan.
7. http://bit.ly/1RB7Yi
8. K. Matsushima, Y. Mohri, K. Nakazawa, K. Yamada, "The Pilot Test of Countermeasure against Wave Erosion for Road Embankment in Bangladesh", Proceedings of the 1st International GSI-Asia Geosynthetics Conference, Nov. 16-18, 2010, Taichung, Taiwan.
9. Matsushima, K. (2009)；"Study on reinforcement mechanism in geosynthetic reinforced soil and its applicability to soil structures for irrigation" Annual report of national institute for rural engineering in Japan, 49, pp.49-199.
10. 徐耀賜，張宇順，「結構生態擋土工法」，台灣營建研究院，2011 年 1 月，ISBN 978-986-7194-05-3。
11. 中國水利部長江科學院工程質量檢測中心，2011 年 1 月 21 日。

生態之歌
天地纏綿
萬里雲仙
山水相連
遠光無限
日月同尊
人神共眠

by 鷹農

2011. 9. 8

Chapter **6**

長袋工法

6.1 前　言

　　長袋工法（Long-Bag Construction Method）在結構生態袋諸多應用工法中最具革命性與工程創意，與堆疊工法相較，其適用範圍之廣泛毫不遜色。依工址情況所須，其不只可單獨使用，亦可與堆疊工法合併使用。

　　前述堆疊工法非常適用於坡度較緩之砂土、黏土地質處之護坡及填方工程。惟當工址地表面為植生不易之硬質土石層、各式硬質岩層，則高強度結構生態袋可依工址現況所須而裁製成長條袋狀，輔以鋼筋錨杆（Steel Rebar Anchor）、膨脹錨杆而達到硬質牆坡面變妝與綠美化之目的，此乃吾人所謂之「長袋工法」。

6.2 基本理念

　　從高聳坡面之地質與地形狀況而言，長袋工法之使用狀況可分為以下兩大類，即：

(1) 硬土質坡面
(2) 岩質坡面

6.2.1 硬土質坡面

　　硬土質意指土質可謂堅硬，惟其硬度尚遠不及寸草不生之岩層。圖6-1 所示即是長袋工法於硬土質坡面之應用示意圖。所須長袋尺寸可依實際所須，或單階或多階，經詳細設計後再定尺寸，由生態袋廠商裁製。

　　長袋工法應用於硬土質坡面時，每條長袋宜與相鄰長袋左右無縫緊密結合，袋與袋之間可用連接扣相結合。

連接扣

結構生態袋

鋼筋錨桿

圖 6-1　硬土質坡面長袋工法示意圖【1】

　　由圖 6-1 所示，吾人可清楚看出，連接扣之主要目的在於緊密連結左右相鄰兩結構生態袋。此連接扣與前述堆疊工法中之連接扣完全相同（具倒扣者）。鋼筋錨桿之主要目的則是為了將結構生態袋牢牢固定於硬土質坡面之上。鋼筋錨桿可用於黃土或紅土等中等硬度之土層，其意指截取傳統螺旋鋼筋（竹節鋼筋）之某一段，其長度依工址之地質狀況而異，一般約在 45 ～ 75cm 之間，尾端削尖，首端則彎成「L」型，故此鋼筋錨桿易敲擊而深入土層之中，如圖 6-2 所示。惟為使鋼筋錨桿首端能緊抓結構生態袋，故敲擊鋼筋錨桿深入硬土中之前，應先穿過硬質四爪墊片之中心孔，然後再行敲擊入土。四爪墊片之材質可為聚丙烯（PP）或聚酯纖維（PET）。

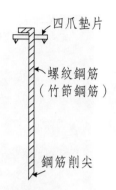

四爪墊片

螺紋鋼筋
（竹節鋼筋）

鋼筋削尖

圖 6-2　硬土質坡面長袋工法之鋼筋錨桿示意圖【2】

硬土質坡面長袋工法之施工步驟可簡述如下：

1. 坡面修整：首先應清除坡面所有尖銳突出物，鬆散土，浮石，雜草，浮土及其它雜物，並應針對不穩定之局部坡面進行加固處理。原坡面既存之灌木、喬木植物均應保留。

2. 測量放樣（線）：放樣須依設計要求，並根據現場實際情況放樣，報請現場工程師檢查合格後，方可開挖。開挖時應確保開挖坡面之整體穩定安全，同時確定有足夠工作面。

3. 長袋填充物：袋中填入植生土配置之原則為輕質、疏鬆、保水、顆粒小、適合植物生長。工程實務上常以沙壤土為主加入有機纖維肥料、保水劑等，其配比為沙壤土：沙：有機纖維肥料＝ 2：1：1，保水劑之用量約為 15g ／平方公尺。

4. 袋體安裝：將配比好之植生土運至坡頂，按設計放樣，於結構生態袋底部安裝連接扣，然後放置長袋，從上往下填裝植生土。硬土質坡面長袋工法施工時，可邊裝土邊打鋼筋錨桿，鋼筋錨桿沿長袋方向之間距不宜超過 1 公尺，左右相鄰結構生態袋與袋之間務須安放連接扣，如此，結構生態袋之縱橫雙向便可連接成一體，有效穩固坡面。

5. 邊坡綠化：植物之選擇應以鄉土原生植物為主，以喬、灌、藤、花、草有機之結合，考量其耐旱、耐寒、耐貧等特性，期可方便維護。綠化方法應結合工址情況，靈活選擇：大面積坡面儘量採用噴播，可以縮短植被建植之工作流程，節約人力與財力；零星工程可採用抹種，此可節約成本；應急工程可速鋪草皮，期能迅速復綠，短時間內達到綠化效果。對於喬、灌木而言，直栽（插播）與壓播亦為可行之方法。

6.2.2 岩質坡面

圖 6-3 所示為岩質（或混凝土）坡面長袋工法之示意圖，其與前述硬土質坡面長袋工法比較之，其有同亦有異。

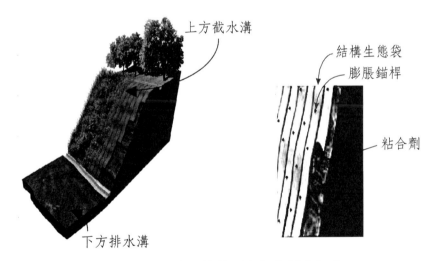

圖 6-3 岩質坡面長袋工法之示意圖【1】

由圖 6-3 亦可清楚看出，黏合劑之主要目的是將結構生態袋緊黏於岩壁表面之上，其可沿著生態長袋之長度方向每隔 1m ～ 1.5m 之距離，錯開膨脹錨桿而局部塗抹。除了黏合劑之外，圖 6-3 中另有一重要配件，

即：高強度膨脹錨桿。圖 6-4 所示即為典型之高強度膨脹錨桿，其由兩種材質組成，中央部分為一根鋼棒，外圍則是 PP 棒（聚丙烯棒）包覆層。膨脹錨桿之使用成效與鑽孔技巧有關，例如採用之膨脹錨桿直徑如為 2.5cm，則鑽孔時必須鑽比其稍小直徑之孔（例如直徑 2.3 ～ 2.4cm），此微小直徑差值在於確保膨脹錨桿打入鑽孔後，因擠壓入孔內之 PP 包覆層必因膨脹之故而使此錨桿緊塞於孔中，不易被拉拔而出。

圖 6-4　長袋工法之高強度膨脹錨桿【1】

　　岩質坡面長袋工法之施工步驟與前述硬土質坡面長袋工法之施工步驟大致類似。惟吾人亦應注意，岩質坡面應先依設計圖預鑽膨脹錨桿之孔，再安裝生態長袋，袋與袋之間宜預留 3 ～ 5cm 之間隙，以利於上方流下之排水可順勢排除，蓋因岩質坡面毫無吸附水流之功能。此外，安裝生態長袋時亦應注意，袋中之內裝填土高過設計錨桿孔位約 10cm 以後，應即刻停止裝土，然後，在袋體與岩石接觸面塗抹適量之粘合劑，待打入膨脹錨桿後，再繼續由長袋上方裝填土料。膨脹錨桿之長度應足夠，打入孔中緊固。生態長袋中之土壤應裝填飽滿、順直而下。生態長

袋內裝填土後，亦應沿結構生態長袋表面拍打，使其平整有緻。

　　描述至此，讀者應已明瞭硬土質坡面長袋工法與岩質坡面長袋工法雖有相同之處，然亦有相異之點，表 6.1 所示乃硬土質坡面長袋工法與岩質坡面長袋工法之異同點比較表，讀者或可忝為參考之。

表 6.1　硬土質坡面、岩質坡面長袋工法之綜合比較

	硬土質坡面長袋工法	岩質坡面長袋工法
長袋尺寸	皆可依實際所須設計之，可單階或多階為之，可長至數十公尺甚至更高	
相鄰長袋間距	緊密相連	相間隔 3～5cm 左右
連接扣	必要	不必要
黏合劑	不必要	必要
加固用錨桿	鋼筋錨桿	膨脹錨桿
適用坡角	＜90°	無限制

6.3　應用實例

　　圖 6-5 所示乃是硬土質坡面長袋工法之應用實例，此工址位於廣東省之韶關。讀者細觀之便可了解此法可大規模改善寸草不生硬土質山坡地區之景觀，對提升生態效益至為明顯。

(a) 施工初期

(b) 施工中

圖 6-5　長袋工法於硬土質邊坡之應用實例【1】（見下頁續）

(c) 施工完成初期

(d) 施工完成後數月

圖 6-5 長袋工法於硬土質邊坡之應用實例【1】(見下頁續)

(e) 2010 年 10 月之情況

圖 6-5 長袋工法於硬土質邊坡之應用實例【1】

圖 6-6 所示亦是硬土質坡面長袋工法之另一應用實例，其工址位於廣東省之塘廈迎賓高速公路，其完工後之植生護坡效果非常明顯。

圖 6-6 硬土質長袋工法之應用—塘廈迎賓高速公路【1】

　　圖 6-7 所示亦是長袋工法於硬土質邊坡之應用實例，對改善當地景觀與生態之效果非常明顯，工址位於湖北省宜昌市之蟠龍高速公路。

圖 6-7　硬土質長袋工法之應用—湖北宜昌翻壩高速公路【1】

除了傳統硬土質坡面之外，坡降緩、具大斜面護岸之大型河川亦可採除了前述之硬土質與岩石坡面之外，以長袋工法作為河川護堤保護工之效果亦甚明顯。短小流緩河川之護岸或湖泊護岸皆可以堆疊工法為之，然大型河川之護岸護堤應以長袋工法為之較具經濟性，此在水利工程界已有諸多先例可資參考。圖 6-8 與圖 6-9 所示均是典型之例。

(a) 施工初期

(b) 長袋安裝

圖 6-8　長袋工法於大型河川護岸之應用例—湖南瀏陽河（見下頁續）

圖 6-8　長袋工法於大型河川護岸之應用例一湖南瀏陽河【1】

圖 6-9　長袋工法於大型河川護岸之應用例一廣西賀州（見下頁續）

圖 6-9　長袋工法於大型河川護岸之應用例—廣西賀州【1】

　　圖 6-10 所示乃岩質坡面長袋工法之應用實例，此工址位於廣東省深圳東部之華僑城，一處觀光火車道旁側之陡峭混凝土噴漿坡面採用多種傳統護坡綠化方法，惟皆以失敗告終。最後改以長袋工法為之，一年後之坡面便已完全綠化，與四周環境融合一體。

(a) 施工前

(b) 施工完成初期

(c) 現況

圖 6-10 長袋工法於岩石坡面之應用實例【1】

　　圖 6-11 與圖 6-12 所示亦是長袋工法於岩質坡面之應用實例，圖 6-11
之工址位於長江三峽之岩坡綠化實驗區，圖 6-12 之工址位於湖北省荊
門。

(a) 施工前

(b) 施工中

圖 6-11　長袋工法於岩石坡面之應用實例【1】（見下頁續）

(c) 完工後遠照

(d) 完工後近照

圖 6-11 長袋工法於岩石坡面之應用實例—長江三峽【1】

(a) 施工前

(b) 施工後

(c) 綠化後

圖 6-12 長袋工法於岩石坡面之應用實例—湖北荊門【1】

設計者應有清楚之認知，生態長袋內裝填土之方法不同，則其橫斷面亦將有所差異。生態長袋內裝填土時，如欲使此生態長袋表面接觸硬土坡面（或岩質坡面）之面積更大更平整，則吾人可置一硬質墊板（PP板、PET板或其他無毒塑膠板）於長袋內側後再裝填土壤，其示意如圖6-13所示，且袋寬 w_1 必大於 w 值，袋厚必是 t_1 小於 t。

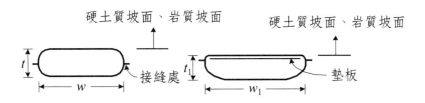

圖 6-13　長袋裝填土壤方法影響橫斷面形狀示意圖

由圖6-13亦可清楚看出，生態長袋中有墊板者，則內裝填土後之寬厚比必較無墊板者稍大，故設計者亦應注意，袋中植生土厚度與坡面日後之植栽成果有絕對之關係，蓋因不同植物所須成長之土層厚度必有差異，綠化效果亦有影響。此外，設計者亦應了解，生態長袋中之內襯墊板寬度不同，則內裝填土後之長袋厚度亦將有所差異。

6.4　堆疊與長袋工法共構

依個別工址之不同特性，某些情況下，堆疊工法亦可與長袋工法合併使用，此即吾人所謂之「共構」（Integrated Structure），即兩個不同結構合成為一體結構之意。由工程實務案例觀之，凡堆疊工法與長袋工法共構時，通常堆疊工法在下方，而長袋工法則應用於上方，圖6-14所示即為典型之堆疊、長袋工法（硬土質坡面）共構設計示意圖，然堆疊工

法至何高度，設計者應多方評量後再決定之。圖 6-15 所示乃堆疊工法與長袋工法共構之應用實例，其工址位於山西省襄垣煤礦區。

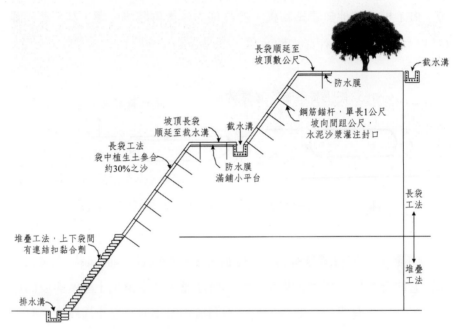

圖 6-14　堆疊、長袋工法共構設計示意圖例

圖 6-15　堆疊、長袋工法共構應用實例—山西襄垣煤礦【1】

　　圖 6-16 所示乃長袋工法之典型設計示意圖，設計者宜針對工址狀況深入評估，例如土質狀況、排水設施等，然後再作最後之定案。例如左右相鄰長袋之連接方式必與黏合劑與牆坡面之岩土質狀況有絕對之關係。

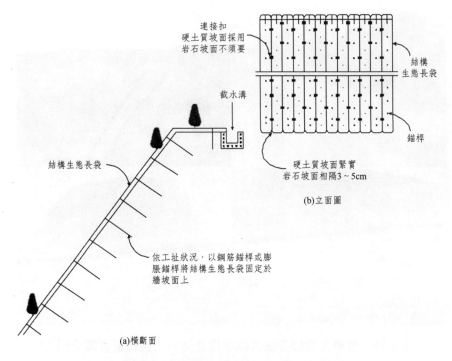

圖 6-16 典型之長袋工法設計示意圖

6.5 其他應用

長袋工法之適用範圍非常廣泛,除了前述硬土質坡面、岩質坡面之復綠工程、河川堤岸之保護等之外,由此衍生,長袋工法尚有甚多其他可應用之工法。例如長袋工法在建築結構之垂直綠化即有很寬廣之發揮空間。

圖 6-17 所示即為垂直牆體以長袋工法進行綠美化之實例,長袋工法完工後數月,原為混凝土紅磚牆之刻板生硬景像已被欣欣向榮之綠美化畫面取代。讀者細思之,當可知此法在建築、土木結構之垂直綠化應用

實不可限量。

鋼筋混凝土柱

(a) 長袋工法完工後之初期插播　　(b) 完工後數月—左前方觀之

(c) 完工後數月—右前方觀之　　(d) 完工後數月—正前方觀之

圖 6-17　垂直剛性牆體以長袋工法進行綠美化之實例【1】

　　由圖 6-17 之實例說明，長袋工法可有效應用於垂直綠化，進而創造優質之城鄉風貌與社區景觀，諸如：

- 鋼筋混凝土建築物之外牆
- 土木鋼筋混凝土結構之外觀改造，如擋土牆、橋臺、橋墩等
- 公路旁側既有隔音牆之外貌改善

　　惟吾人亦應注意，欲有效達到改善城鄉風貌之目的，詳實之植栽計畫亦不可或缺。

參考文獻

1. 東莞金字塔綠色科技有限公司：http://www.intalok.com.cn
2. http://www.deltalokusa.com/
3. 徐耀賜，張宇順，「結構生態擋土工法」，台灣營建研究院，2011 年 1 月，ISBN 978-986-7194-05-3。

Chapter 7

綠美化方法

7.1 前 言

植生工程（Vergetation Engineering）之內涵類似於通稱之綠化工程或綠化技術，係指大面積裸露地植生覆蓋或植物群落建立技術之範疇，常以水土保持或生態環境功能為主要考量。惟如以生態工程理念為前提，更需兼顧生物多樣性（Biodiversity）與景觀美化之功能，同時亦應納入高品質之休閒遊憩，故植物之選取及應用應更為多元化，以提供民眾較佳之生活環境品質。一般而言，水土保持目的之植生工程，著重於植生覆蓋與保護功能，大多以播種法為主、栽植法為輔；而景觀造園考量的植生工程則應依自然景觀的環境背景，配合人為景觀植物的栽植手法，以達到景觀改善、生態多元化及棲地廊道建構等目的，故其植生工程以植栽配置設計之栽植法為主、播種法為輔【1】。

本書前述諸章節之主要目的在於描述結構生態袋之各種工法應用，而本章之主要目的則在於簡述結構生態袋諸工法完成後之植生方法。

7.2 植生之效益

結構生態袋諸工法完成後之後續工作為植栽或植生。具體言之，植生之效益可歸納如下：

1. 植生綠化可防止生態袋結構最外層受紫外線之直接照射，導致結構生態袋強度降低。當然，吾人必須強調，劣質袋可能數月即因抗紫外線強度不足而裂解破損，而品質優者或可耐數十年之紫外線照射而不破損裂解。

2. 植物根系可長滿於生態袋之內裝填土中，同時亦可深入生態袋後方之土區，除有土壤加勁功能外，亦可避免雨水直接沖蝕生態擋土結構

之表面，進而增加此擋土結構之整體穩定性。植物根系深入土中，可發揮土壤加勁功能，進而增加土壤之抗剪力，防止土壤之沖蝕崩塌。

3. 大面積植生產生之綠意盎然易與周遭環境相結合，符合生態工程與環境保護及永續發展之理念。

4. 植生覆蓋區之土壤含豐富之有機質、土壤團粒構造發達、孔隙多、透水性強，保水力佳，故能蓄留大量地下水。大面積植被覆蓋地區，可使地表逕流減少、流速減緩、河川達洪峰時間延後、洪峰流量降低，洪水量減少、流速降低，進而減輕災害。

5. 地表有植物時，因莖、葉之覆蓋可減弱雨滴之打擊力及土粒之飛濺與流失。其根部之網結土壤及莖葉粗糙度之增加，可減緩地表逕流之流速與破壞力，因之可防止地表沖蝕。

6. 於天然排水溝、河岸之水土保持工程結構物表面，利用多孔性材質表面，可提供植物生長空間，亦可藉由植物根系固著土壤之能力加強，達到水路保護及保育功能。

7. 由景觀生態觀之，林帶或綠帶皆可視為生態廊道，其功能甚多，除了培育生物之外，亦是生物流動之走道或屏障，在其邊緣地帶，通常具有物種交流與較多邊緣物種。例如河川之植生緩衝帶，除提供水生小動物棲息外，亦可利用植物根系攔截汙染物，淨化水質。

8. 植被之結構直接影響地面受熱之情形，具有調節氣溫之功用。而且植物進行光合作用時會釋出新鮮之氧氣，某些植物甚至可吸附空氣汙染物，達到淨化空氣之效果。

9. 植物對噪音具有吸收、反射、折射及偏向等作用。因此，可以有效控制環境中之噪音汙染，尤其是道路兩旁之邊坡面植栽，其效果至為明顯。另一方面，植物亦可作為道路線形（Roadway Alignment）導引之指示，亦可遮蔽不良景觀。

10. 植物為地球上最基本之生產者，其扮演生態系中不可或缺的角色，提供物種棲息生活的場所。植物社會之水平與垂直結構不同，其會影響物種分佈，於水土保持工程周邊引入之植物種類，除配合工程安全之考慮以外，對於維護該地區之棲地生物多樣性，選用植物材料之生態機能亦應予以充分考量。

7.3　植物選取之原則

工程實務上，與結構生態袋搭配植生之植物皆為高等植物（維管束植物）【1】，依其生育型態，可分為以下幾種類型：

1. 木本植物

木本植物（Arboreous Plants）即為通稱之樹木，其通常有高聳而生存一年以上之莖部，且其形成層能年年增長以增大直徑之植物。

2. 草本植物

草本植物（Herbaceous Plants）是指植株之莖部無木質化，而為草植莖或多肉質莖之植物。

3. 藤本植物

藤本植物亦稱為蔓性植物，其莖部主幹不能直立，須靠其莖纏繞他物、或靠特殊器官攀附他物上升或貼覆地面方能生長之植物。

具體而言，植栽工程之種類包含喬木、灌木、草、花及地被植物。其中喬木是指具有明顯主幹、樹身高大，且在胸高以上才有分枝出現，具有一定形態的樹冠；一般樹高都在 5 公尺以上的樹。樹高在 5～9 公尺的稱為小喬木，樹高在 18 公尺以上的稱為大喬木。而灌木是指不具有明顯主幹、樹身矮小，且在近地面處就有分枝出現；一般樹高都在 5 公

尺以下的樹。

　　植物之選擇與考量甚為多元，可由景觀生態學著眼，亦可單純配合當地景觀與植物種類，例如草木、灌木、喬木、花卉、藤蔓等。惟無論如何應注意選擇易存活、少（免）維護的植被為主。

　　此外，設計者亦應根據各地區之土壤成分與植被對植生土的要求，可以在結構生態袋之內裝填土中補充土壤中缺少之元素成分與養份，以利於植被的生長。同時，亦可聘請植物專家幫助選種，符合項目要求，提供完善之綠美化系統方案。

7.4　綠美化方法

　　結構生態袋諸應用工法完成後之後續工作乃是配合工址處之特色進行景觀風貌植生工程，或稱綠美化工程。其可採用之各式方法如下：

7.4.1　噴播

　　噴播（Hydroseeding、Spray Sowing）適用於大面積之綠化作業、施工迅速快捷、植被種子選擇範圍廣、適應旱地等各種環境要求、成本相對較低，是草本與灌木最常用之播種方式。噴播雖適宜各種坡比（坡面斜度之比例）情況，惟較不適宜水位變動部位與易暴雨天氣地區。圖 7-1 所示即為典型之噴播作業。

相片來源：http://www.intalok.com.cn/

相片來源：http://www.deltalokusa.com/

圖 7-1　典型之噴播作業

7.4.2　壓播

　　壓播（Press Sowing）意指於施工時，將植物枝幹或植物之根系壓置於上下緊鄰結構生態袋之間進行種植。壓播法甚適用於枝條，藤本類植

物，惟其成活率相對較低。壓播法亦適用於水位漲落帶位置。且適用於各種坡比。圖 7-2 所示即為典型之壓播作業。

(a) 壓播進行中　　　　　　　　　(b) 壓播初完成

(c) 壓播完成後 11 個月

圖 7-2　典型之壓播作業【2，3】

7.4.3　混播

混播（Mixed Sowing），顧名思義，其與單播乃相對之詞語，即兩種或兩種不同類別以上之植栽物種混合播種之意。結構生態袋各工法應用之植生實務中，以豆科與禾本科之混播最有效，惟吾人建議，依工址特

性之不同，適宜混播之植物種類亦有異，故規劃設計者宜諮詢有經驗之學者專家。此外，依過去諸多經驗，親水邊坡與零星工程之綠化甚適合以混播為之，同時亦適宜各種坡比情況。圖7-3所示即為結構生態袋緩坡處之混播實景。

圖 7-3　典型之混播實景【2】

7.4.4　插播

插播（Insert Planting）意指在結構生態袋表面開比種植植物土球或植物根莖直徑略大之口，將植物種植在生態袋之內裝填土中。表面適用於喬木、灌木、花類植物，其可使植物層次豐富，亦可構築各色圖案，發揮複層植栽之最大功效。圖7-4所示即是典型之插播作業。

圖 7-4　典型之插播作業【2，3】

　　插播之技巧亦可應用於垂直牆體外側之垂直綠美化，配合嚴謹之植栽彩色計畫，生硬枯燥之混凝土牆體外側將呈現另一生動活潑之畫面，圖 7-5 所示即是典型之例。

(a) 插播方完成時

圖 7-5　插播於垂直綠美化之應用【2】（見下頁續）

(b) 插播完成 1、3、5、7 個月後

圖 7-5　插播於垂直綠美化之應用【2】

7.4.5　抹種

　　抹種（Wipe Sowing）意指將複合肥、坡面綠化專用添加劑、種子、蘑菇肥及水等依照適當比例混合均勻之，然後再均勻塗抹於結構生態袋表面之上，如圖 7-6 所示即為典型之例。

圖 7-6 典型之抹種作業

　　與前述插播雷同,抹種之技巧亦可應用於垂直牆體之綠化,圖 7-7 所示即是典型之例,牆體外側之結構生態袋整齊堆疊而上,然後再施以抹種作業。

(a) 抹種方完成時　　　　　　　(b) 抹種完工數月後

圖 7-7 抹種於垂直牆體之綠化應用【2】

　　吾人必須強調，欲使抹種呈現唯美之景觀綠美化效果，抹種作業前亦應有詳實之規劃，例如不同植物種籽之正確搭配。

7.4.6　圍栽

　　圍栽（Surround Planting）之主要應用在於直接移栽高大型灌木或中、小型喬木，適用於土層要求較深之樹木移栽及對邊坡原有樹種進行保護。圍栽時所須之結構生態袋尺寸依個案而異。圖 7-8 所示即為典型之移植圍栽作業。

圖 7-8　典型之小喬木移植圍栽作業【2】

7.4.7　鋪草皮

　　鋪草皮（Greensward Laying）可以立即體現綠化效果，保證成活效果，故此法特別適宜應急工程。圖 7-9 所示即為典型之例，不論是堆疊工法或長袋工法皆可以鋪草皮工法為之。

圖 7-9 結構生態袋表面之典型鋪草皮作業【2,3】

參考文獻

1. 林信輝，張俊彥（2005），「景觀生態與植生工程規劃設計」，明文書局，台北市。

2. http://www.deltalokusa.com/

3. http://www.intalok.com.cn/

4. 徐耀賜，張宇順，「結構生態擋土工法」，台灣營建研究院，2011 年 1 月，ISBN 978-986-7194-05-3。

附錄：水流流速檢測

堆疊工法檢測初始恒定流速 = 8.6 m/sec

長袋工法檢測初始恒定流速 = 6.5 m/sec

2010001074F

檢 測 報 告

委 托 單 位：东莞金字塔绿色科技有限公司

工程（产品）名称：金字塔绿色生态袋

检 测 项 目：水流流速

水利部长江科学院工程质量检测中心

2011 年 1 月 21 日

水利部长江科学院工程质量检测中心
检 测 报 告

一、任务来源

受东莞金字塔绿色科技有限公司委托，对其生产的金字塔绿色生态袋在采用专利工法堆叠法、长袋法施工后进行流速测试

二、试样来源

试样由东莞金字塔绿色科技有限公司提供，其规格为：绿色生态大袋（114cm×51cm）绿色生态中袋（81cm×43cm）绿色生态长袋（N×51cm，）配套的粘合剂，连接扣及锚杆。

三、检测项目

检测水流流速

四、检测方法

在委托方专业技术人员指导下，按实际施工方法将大袋、中袋和长袋三种规格绿色生态袋充填泥土后，采用专利工法堆叠法、长袋法、使用粘合剂、连接扣、锚杆加固，在两边壁固定，分别形成长 5m、宽 0.4m、深 1m；长 5m、宽 0.6m、深 1.5m 的试验观测段；用高速摄像机及流速仪测量试验观测段三个断面的水流流速（0.5m 处、2.5m 处、4.5m 处），在恒定流 72 小时内观测其整体形状的变形及稳定情况。

五、主要仪器设备

高速摄像机、流速仪

六、检测数量

　　金字塔绿色生态大袋 200 条，中袋 200 条，长袋 26 条。

七、检测结论

　　1. 经过 72 小时恒定过流，两种规格大袋（114cm×51cm）中袋（81cm×43cm）金字塔绿色生态袋制作的试验观测段，整体形状保持良好，未见变形及坍塌。此时实测三个断面流速 0.5m 处为 8.2m/s；2.5m 处为 7.9m/s；4.5 处为 7.5m/s。

　　2. 经过 72 小时恒定过流，长袋（200cm×51cm）金字塔绿色生态袋制作的试验观测段，整体形状保持良好，未见变形及坍塌，此时实测三个断面流速 0.5m 处为 6.0m/s；2.5m 处为 5.6m/s；4.5 处为 5.1m/s。

检测人：张之友

编写人：张之友

校核人：林绪宏工高

签发人：黄国兴

日期：　2011 年 1 月 21 日

索　引

索　引

索　引

索 引

十三劃

十四劃

十五劃

索　引

十六劃

十七劃

十八劃

二十三劃

國家圖書館出版品預行編目資料

結構生態袋工法應用 / 徐耀賜, 張宇順著.
-- 初版. -- 臺北市：五南, 2012.11
　　　面；　　公分.--

ISBN 978-957-11-6894-4(平裝)

1.結構工程 2.生態工法

441.15　　　　　　　　　　101021535

5G27

結構生態袋工法應用
Structure Eco-bag Construction Method & Application

作　　者 ― 徐耀賜　張宇順

發 行 人 ― 楊榮川

總 編 輯 ― 王翠華

主　　編 ― 穆文娟

責任編輯 ― 楊景涵

封面設計 ― 郭佳慈

出 版 者 ― 五南圖書出版股份有限公司

地　　址：106台北市大安區和平東路二段339號4樓

電　　話：(02)2705-5066　　傳　　真：(02)2706-6100

網　　址：http://www.wunan.com.tw

電子郵件：wunan@wunan.com.tw

劃撥帳號：01068953

戶　　名：五南圖書出版股份有限公司

台中市駐區辦公室/台中市中區中山路6號

電　　話：(04)2223-0891　　傳　　真：(04)2223-3549

高雄市駐區辦公室/高雄市新興區中山一路290號

電　　話：(07)2358-702　　傳　　真：(07)2350-236

法律顧問　元貞聯合法律事務所　張澤平律師

出版日期　2012年11月初版一刷

定　　價　新臺幣280元